After Effects
动态设计实战

UI 动效 +MG 动画 + 影视特效

王威◎著

人民邮电出版社

北 京

图书在版编目（CIP）数据

After Effects动态设计实战：UI动效+MG动画+影视
特效 / 王威著. -- 北京 : 人民邮电出版社，2023.4
　　ISBN 978-7-115-60555-9

　　Ⅰ. ①A… Ⅱ. ①王… Ⅲ. ①图像处理软件 Ⅳ.
①TP391.413

中国国家版本馆CIP数据核字(2023)第015387号

内 容 提 要

　　本书采用项目实战的形式，全面而又循序渐进地介绍了近年来 UI（用户界面）动效、MG（动态图形）动画和影视特效的设计方法和制作流程，对动态文本、界面交互动效、动态信息、标志动画、物体动画、角色动画、影视合成、影视特效、商业影视作品等内容进行了详细讲解，并提供了实用的技术解析和设计技巧，另外结合作者丰富的项目经验，对项目的前期策划、制作流程和管理过程进行了详细阐述。全书共 34 个示范实例，提供了详细的操作步骤和技巧提示，供读者在构思自己的项目时参考。此外，本书提供实例制作的素材文件、源文件、效果文件及在线教学视频供读者学习使用。同时提供了教学 PPT 课件，方便老师使用。

　　本书可作为高等院校游戏、动漫、多媒体、艺术设计等相关专业的教材及培训用书，也可作为动画爱好者及交互设计、动画制作、电影特技、影视广告、游戏制作等从业人员的参考书。

◆ 著　　　　　　王　威

　 责任编辑　　　王　冉

　 责任印制　　　马振武

◆ 人民邮电出版社出版发行　　北京市丰台区成寿寺路 11 号

　 邮编　100164　　电子邮件　315@ptpress.com.cn

　 网址　http://www.ptpress.com.cn

　 北京捷迅佳彩印刷有限公司印刷

◆ 开本：787×1092　1/16

　 印张：16.75　　　　　　　2023 年 4 月第 1 版

　 字数：480 千字　　　　　　2025 年 2 月北京第 10 次印刷

定价：109.80 元

读者服务热线：(010)81055410　印装质量热线：(010)81055316
反盗版热线：(010)81055315

前言

2003 年，我在大学期间第一次接触到 After Effects（以下简称 AE），那个时候的版本还是 AE 6.5，它和 Combution、Digital Fusion 等影视后期软件齐名。

2004 年，我大学毕业，进入郑州轻工业大学艺术设计学院动画系任教至今，其间多次担任影视制作相关课程的主讲教师。我在教 AE 的时候，喜欢把它比喻成一个朋友。AE 平易近人，你很容易就能和它玩到一起，但是，如果你不了解它的脾气、性格，它就很容易给你使绊子，例如你明明是按照正确的流程操作的，但做出的结果是错的。这个时候你就需要更加深入地学习 AE，了解 AE 的各项特点，了解哪些操作是可行的，哪些操作是容易出错的，应该注意什么、避免什么，这样才能越用越顺手。你只有通过大量且不间断的练习，才能逐步熟练掌握并驾驭 AE。

很多初学者对大量的练习很排斥，而如果真的希望 AE 操作能力有所提高，就需要多做练习。我在上影视制作课的时候，每次都会布置大量的练习让学生在课下完成，因此我的课程都被称为"魔鬼课程"，但学生的 AE 操作能力也随之日渐提高。当课程结束时，我以为他们会觉得很累、很疲倦，但他们告诉我，他们很充实。

在学习的过程中，交流非常重要，尤其是初学者之间的相互交流。我在上影视制作课的时候，每节课一开始都会要求大家把上堂课布置的作业交上来，然后用投影仪投放在大屏幕上，在全班同学面前展示。这样做有两个好处，一个是监督学习的进度，另一个是起到互相交流的作用。

要学习 AE 这个影视制作软件，不仅仅要能坐得住、练进去，还要培养自学的能力。我发现，如果在课堂上进行练习，学生往往会对老师产生依赖性，一有问题马上问老师，很轻易地得到答案后马上就忘掉了。所以我上课从来都是从头讲到尾，把一个实例讲精讲透，然后让学生在课下进行练习。下课以后，我手机关机、QQ 隐身、微信也不回，学生们有问题只能互相去问，解决不了就要自己上网查资料，甚至查看英文版的帮助文件。这样在无形中提高了他们自学的能力，而且对于自己想办法解决的问题，他们会记得更加牢固。自学能力的提高会对他们产生更大的帮助。

相对于理论教学，与 AE 相关的课程是极其强调实践经验的课程。很多老师因缺乏必要的公司实战经验，在讲解 AE 时理论偏多而实践较少，经常将 AE 中的命令一个一个地讲解，而这样的讲解方式往往会令学生昏昏欲睡，因为内容过于枯燥，和实际的应用联系不起来。

我接触 AE 已有近 20 年的时间，其间参与过几百部动画和影视作品的制作，对 AE 动画的制作流程、要求和技术特点都很了解。除此之外，在学校任教的这些年，我也在不断地累积教学经验。本书正是对这些内容的一个总结。

本书中的示范实例全部都是我在实践和教学过程中使用过且效果很好的案例，很适合 AE 动画制作人员学习、掌握。在理论讲解中，由于 AE 中命令较多，因此我抛弃了在实战中应用不到或应用较少的命令，只对常用的命令进行集中讲解，这样可以使读者的精力集中在比较重要的命令上，有利于读者快速掌握 AE 的操作流程。

本书配套资源包括书中示范实例的源文件、素材文件和效果文件，还有供教师上课使用的 PPT 课件，以及在线教学视频。

在本书的编写过程中，我得到了郑州轻工业大学艺术设计学院、河南许愿星文化传媒有限公司的老师和领导的支持，也得到了很多老同学和学生的帮助，在此深表感谢。

王 威
2023 年 3 月

资源与支持

本书由"数艺设"出品，"数艺设"社区平台（www.shuyishe.com）为您提供后续服务。

配套资源
素材文件、源文件和效果文件。
图书配套在线视频课程。

教师专享
配套教学 PPT 课件。

资源获取请扫码 ☞

（提示：微信扫描二维码关注公众号后，输入 51 页左下角 5 位数字，获得资源获取帮助。）

"数艺设"社区平台，为艺术设计从业者提供专业的教育产品。

与我们联系

我们的联系邮箱是 szys@ptpress.com.cn。如果您对本书有任何疑问或建议，请您发邮件给我们，并请在邮件标题中注明本书书名及 ISBN，以便我们更高效地做出反馈。

如果您有兴趣出版图书、录制教学课程，或者参与技术审校等工作，可以发邮件给我们。如果学校、培训机构或企业想批量购买本书或"数艺设"出版的其他图书，也可以发邮件联系我们。

关于"数艺设"

人民邮电出版社有限公司旗下品牌"数艺设"，专注于专业艺术设计类图书出版，为艺术设计从业者提供专业的图书、视频电子书、课程等教育产品。出版领域涉及平面、三维、影视、摄影与后期等数字艺术门类，字体设计、品牌设计、色彩设计等设计理论与应用门类，UI 设计、电商设计、新媒体设计、游戏设计、交互设计、原型设计等互联网设计门类，环艺设计手绘、插画设计手绘、工业设计手绘等设计手绘门类。更多服务请访问"数艺设"社区平台 www.shuyishe.com。我们将提供及时、准确、专业的学习服务。

目 录

第 1 章

初识
After Effects

素材区　预览区　控制区

编辑区

1.1 视频的发展历史和规格要求

　　视频（Video）泛指将一系列静态影像以电信号的方式加以捕捉、纪录、处理、存储、传输与重现的视觉表现形式。当连续的图像变化超过每秒24帧（frame）画面时，根据视觉暂留原理，人眼无法辨别出单幅的静态画面，画面呈现平滑连续的视觉效果，这样连续的画面叫作视频。视频技术最早是为电视系统而开发的，现在已经发展为各种不同的格式以帮助人们将影像记录下来。网络技术的发展也促使视频片段以串流媒体的形式存在于互联网上，并可被计算机接收与播放。

　　1824年，彼得·马克·罗热（Peter Mark Roget）发现了重要的视觉暂留原理（Persistence of Vision），这是所有动态作品最原始的理论依据。

　　人眼在看过一个图像后，该图像不会马上在大脑中消失，而是会短暂地停留一下，这种残留的视觉被称为"后像"，视觉的这一现象则被称为"视觉暂留"。

　　图像在大脑中"暂留"的时间大概为1/24秒，也就是说，动画，每秒至少需要播放24张图像，才能让观看者感觉画面很流畅。

　　1895年12月28日，在法国巴黎卡普辛路14号的大咖啡馆地下室，卢米埃尔兄弟[①]首次公开放映《火车进站》等影片，标志着电影艺术的诞生，如图1-1所示。

图　1-1

　　自此，人类开始使用动态影像的形式进行创作。

　　帧是动态影像作品中的最小单位，指的是单幅影像画面，相当于电影胶片上的每一格镜头。一帧就是一幅静态的画面，连续的帧就形成动态影像，也就是视频。我们通常说的帧数或帧频，就是在1秒的时间内传输图片的数量，也可以理解为图形处理器每秒能够刷新多少次，通常用fps（frames per second）表示，也被译为"帧速率"。每一帧都是静态的图像，快速、连续地显示帧就能够形成运动的假象。高帧速率可以得到流畅、逼真的动画效果。帧频越高，画面中显示的动作就会越流畅。

---

① 卢米埃尔兄弟，法国人，哥哥是奥古斯塔·卢米埃尔（Auguste Lumière，1862年10月19日—1954年4月10日），弟弟是路易斯·卢米埃尔（Louis Lumière，1864年10月5日—1948年6月6日）。

像素（Pixel）是动态影像、图片的画面中最小的组成单位，它以一个单一颜色的小方格的形式存在。对于一部影视作品来说，画面中像素的数量决定了画面清晰度。画面中的像素越多，画面越清晰。

随着网络带宽的增加及视频压缩技术的进步，高清晰度的视频格式越来越流行。一般在网络平台进行播映的话，就需要以高清（High Definition，HD）视频的规格来制作视频，比较常见的有720P和1080P两种制式。720P是高清信号源的准入门槛，720P也被称为HD标准，而1080P则被称为Full HD（全高清）标准。

720P： 画面分辨率为1280像素×720像素，帧速率为25帧/秒或30帧/秒。

1080P： 画面分辨率为1920像素×1080像素，帧速率为25帧/秒或30帧/秒。

近几年，4K甚至8K的视频也开始出现，并进行了商业化的尝试。2018年10月，中央广播电视总台4K超高清频道开播。2021年，首届创维8K视频高校团队邀请赛拉开了帷幕，8K视频开始走入公众视野。

4K： 画面分辨率为3840像素×2160像素，帧速率为25帧/秒或30帧/秒。

8K： 画面分辨率为7680像素×4320像素，帧速率为25帧/秒或30帧/秒。

王老师的碎碎念

目前，主流的视频依然还是1080P的，4K和8K视频因为硬件设备的限制，暂时还没有普及。

1.2 素材文件的类型和格式

制作视频时使用到的文件总的来说可以分为3类，即视频文件、图片文件和音频文件。除此之外，制作视频时还会用到软件的源文件。接下来对这几种类型的文件的常用格式进行介绍，如图1-2所示。

图 1-2

1. 视频文件

AVI格式： Windows系统中使用范围最广的视频格式，最大特点是可以输出无损视频，最大限度地保证视频的质量。

MOV格式： macOS系统中使用范围最广的视频格式，最大特点是可以输出无损视频，以及带通道（透明背景）的视频。

MP4 格式：网络上使用最广泛的视频格式，最大特点是清晰度高，视频文件小，经常用于视频的最终输出。

MXF 格式：使用 SONY 相机和摄像机拍摄的视频的常用格式，只能导入 After Effects 中预览。

其他格式：还有一些网上常用的视频格式，如 RMVB、FLV 等，这些格式的文件是无法直接导入后期软件中进行编辑的，如果需要编辑可以使用转换视频格式的软件，如"格式工厂""狸窝"等，将它们转换为可直接导入的 AVI 格式等。

2. 图片文件

JPG 格式：该格式的最大优点是压缩比高，同等质量下 JPG 格式的图片占用空间最少，适合在网络上发布和传播；而它的缺点也正源于此，图片压缩后会多少有一些失真，而视频编辑对图片清晰度要求较高，所以在后期合成中，JPG 格式的图片很少被使用。

PNG 格式：该格式的图片质量较好，同时它还可以保存图片的通道，使后期合成更加快捷、高效。

PSD 格式：图像处理软件 Photoshop 的源文件格式，可以保存图层、通道等信息，在使用 Adobe 公司的其他软件进行编辑的时候，可以导入这些信息，提高工作效率。

序列图格式：一张张连续的图片，可以序列的形式导入后期软件中，形成动态效果，一般用于延时拍摄。

其他格式：还有一些常见的 TIF、TGA、BMP 等格式，这些格式的文件都可以正常导入 After Effects 中进行编辑。

3. 音频文件

WAV 格式：是音频的通用格式，也是无损压缩的格式，在视频编辑中使用的频率最高。

MP3 格式：该格式的文件是被压缩过的音频文件，音质有些损失，但一般情况下也可以使用；有些 MP3 格式的文件无法导入相关软件进行编辑，这是由于它自身的编码存在问题，使用一些音频编辑软件将它转换为 WAV 格式即可。

FLAC 格式：可用于制作无损音乐，是音乐发烧友们最喜欢的音频格式，但是该格式的文件无法直接导入 After Effects 中进行编辑，需要先转换格式。

其他格式：其他音频格式，如 AIFF、AAC、WMA 等较为少见，如果文件无法直接导入 After Effects 中，需要先转换格式。

4. 源文件

AEP 格式：影视特效制作软件 After Effects 的源文件格式。

其他格式：例如视频剪辑软件 Premiere 的源文件 PRPROJ 格式，图像处理软件 Photoshop 的源文件 PSD 格式等。

王老师的碎碎念

还有一种特殊的格式文件，其表现形式介于视频和图片之间，它就是 GIF 动画。GIF 的全称是 Graphics Inter-change Format，支持透明度、压缩、交错和多图像等功能。这种格式能够使画面动起来，但是文件本身没有任何的声音，本质上还是图片。After Effects 可以对 GIF 动画进行编辑和处理，也可以配合其他软件或插件，把视频输出为 GIF 动画。

1.3 After Effects的发展与定位

After Effects 简称 AE，适用于 Windows 系统和 macOS 系统，是国内使用范围最广的动态图形和视觉效果编辑软件之一。

1993 年 1 月，After Effects 1.0 发布。经过多次版本更迭，After Effects 不断完善自身的功能，逐渐成为影视行业的专业后期合成与特效制作软件，图 1-3 所示为 After Effects 早期版本的启动画面。

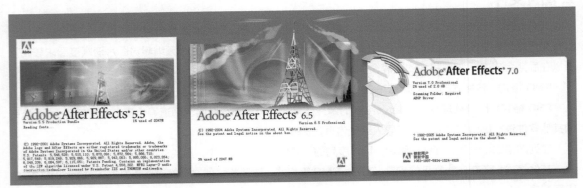

图 1-3

与 After Effects 功能相仿的软件有很多，如 Combution、Digital Fusion、Shake、Motion 等，但 After Effects 的市场占有率一直遥遥领先。究其原因，主要是它易上手、功能强大。此外，After Effects 和 Adobe 公司的其他软件如 Photoshop、Illustrator、Premiere 的兼容度极高，所以使用极为便捷。Adobe 公司的主要软件如图 1-4 所示。

图 1-4

要了解 After Effects 在影视制作中的定位，还要从不同类型影视作品的制作流程讲起。

1. 影视合成

影视合成是将多个不同的画面经过处理，最终合成为一个画面的过程。常见的影视合成技术有绿屏抠像、虚拟演播室等。

在影视合成中，需要先使用摄像机实拍，再将实拍的视频文件导入 After Effects 中进行处理，然后和其他的画面进行合成，最终由 After Effects 输出单个镜头的视频文件，并交由剪辑软件进行后续阶段的操作，如使用 Adobe 公司的视频编辑软件 Premiere 将这些镜头剪辑成一个完整的影片。图 1-5 所示为使用 After Effects 制作绿屏抠像的界面。

图 1-5

 王老师的碎碎念

现在很多新闻媒体单位都有虚拟演播室系统，可以实时对绿屏进行抠像，但是这种系统都是由计算机进行处理的，很多地方不能做到尽善尽美。因此一些对制作要求较高的影片，如电影、电视剧等，需要制作人员操作软件来进行抠像处理。

2. 动画制作

动画是目前很热门的一种影视形式，一般分为二维动画和三维动画，但都是通过其他软件来完成动画的前期制作的。例如，制作二维动画需要用到 Adobe 公司的 Photoshop、Illustrator、Animate 等软件，分图层去绘制角色和场景，而三维动画需要用到 Maya、3ds Max、Cinema 4D、Blender 等专业软件来制作。后期将这些前期制作好的画面，以图片或视频的形式导入 After Effects 进行动态、特效的制作，再导出单个镜头的视频文件，交给剪辑软件进行剪辑处理。图 1-6 所示为在 After Effects 中为使用 Photoshop 绘制的二维角色制作骨骼动画的界面。

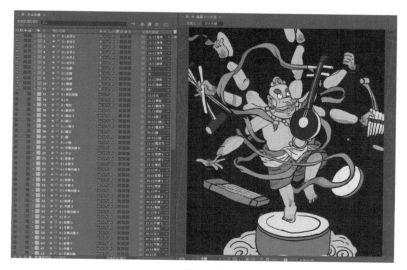

图 1-6

3. 影视特效

有很多画面是真实世界中不存在或者很难拍摄到的，这就需要使用 After Effects 制作。如果需要为画面添加复杂的特效，则需要三维软件的配合，再将制作好的特效导出为单个镜头的视频文件，交由剪辑软件配合其他镜头进行后续的剪辑和制作。图 1-7 所示为在 After Effects 中制作宇宙星系影视特效的界面。

图 1-7

由此可以看出，After Effects 在影视制作中的作用是对单个镜头进行动态图形处理和视觉特效制作。所以在 Adobe 公司的官网上，After Effects 的定义是这样的：行业标准的动态图形和视觉效果软件。

1.4 After Effects的工作流程

After Effects 的工作流程主要分为 3 部分：导入、制作、成片输出。

导入： 使用 After Effects 进行制作的时候，需要用到多个不同类型的文件，这就需要在一开始就将视频、图片、音频等制作所需要的素材文件统一导入 After Effects 中。

制作： 对导入的素材文件逐一进行校色、合成、特效等处理。

成片输出： 制作完成以后，将整个时间轴上的素材文件打包输出成新的视频文件或序列图片。

1.4.1 After Effects的界面

打开 After Effects，弹出初始界面，"最近使用项"栏会显示最近使用过的 After Effects 源文件，如果是第一次打开 After Effects，"最近使用项"栏是空的，这时就可以单击左侧的"新建项目"按钮，创建第一个 After Effects 项目，如图 1-8 所示。

在 After Effects 中，项目是由一个或多个合成组成的，每一个合成都是一个独立的镜头，都有自己的时间轴。After Effects 一次只能打开一个项目文件，但一个项目文件中可以有多个合成，而合成也决定了制作画面的大小、帧速率、持续时间等，所以进入 After Effects 的主界面后，首先要新建一个合成。执行菜单中的"合成"→"新建合成"命令［快捷键是 Command+N（macOS）或 Ctrl+N（Windows）］，就会弹出"合成设置"面板，如图 1-9 所示。

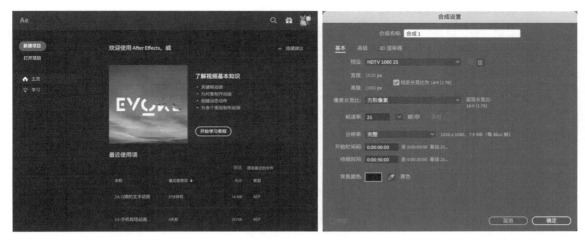

图　1-8　　　　　　　　　　　　　　　　　　　　　　图　1-9

根据制作需要设置好相应的参数，单击"确定"按钮，就可以返回 After Effects 的主界面了。

After Effects 的主界面可以根据不同的制作需求进行自定义，除了固定在顶部的菜单栏和工具栏以外，其他面板都可以自由调整位置和大小。After Effects 有多种不同的主界面设置，我们以"默认"设置为例进行介绍。

After Effects 的主界面主要分为 4 个工作区，分别是素材区、预览区、控制区和编辑区，如图 1-10 所示。

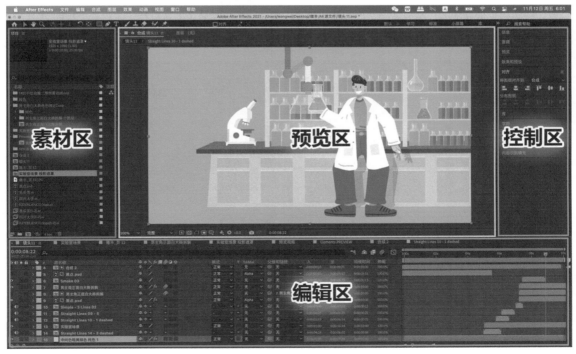

图　1-10

素材区是对导入 After Effects 的素材进行存放和管理的区域，所有用于编辑的素材都将存放在这里，同时还可以将这些素材分别放在不同的文件夹中，便于管理。

预览区是对 After Effects 编辑的效果进行实时预览的区域。

控制区是通过各种面板对制作中的一些效果进行参数调整和控制的区域。

编辑区实际上就是 After Effects 的时间轴，也可以看作类似于 Photoshop 中的"图层"面板，它主要是对素材进行编辑的区域。

不同的工作环节可以使用不同的工作区设置，以便于进行各种操作。切换工作区设置可以执行菜单中的"窗口"→"工作区"命令，里面有十几种不同的工作区设置；也可以单击界面右上角的两个小箭头按钮，这样会弹出几种常用的工作区设置，如图 1-11 所示。

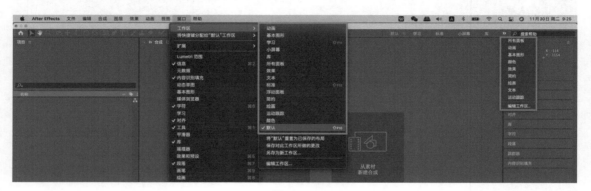

图 1-11

如果需要调整某一个面板的具体位置，可以将鼠标指针放在该面板名称处，再拖曳至想要放置该面板的位置，一般是其他面板的边缘或者两个面板的交接处，这时会出现深蓝色的选框标记，松开鼠标即可完成调整面板位置的操作，如图 1-12 所示。

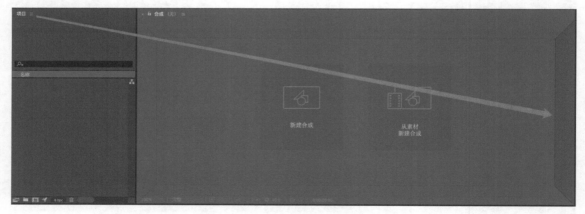

图 1-12

当工作区中的某个面板被误关，或者位置调整过乱，想要恢复工作区原状的时候，可以执行菜单中的"窗口"→"工作区"→"将'××'重置为已保存的布局"命令，将当前的界面恢复为工作区的初始状态。

1.4.2 After Effects的基本操作

1. 导入

导入素材的方法有很多种，比较标准的做法是执行菜单中的"文件"→"导入"→"文件"命令［快捷键是 Command+I（macOS）或 Ctrl+I（Windows）］，在弹出的"导入文件"面板中选中素材，单击右下方的"打开"按钮，将素材导入 After Effects 的"项目"面板中，如图 1-13 所示。

图　1-13

还可以通过双击"项目"面板的空白区域来导入素材。素材导入后会显示在"项目"面板中。如果 After Effects 的主界面中没有"项目"面板，需要执行菜单中的"窗口"→"项目"命令［快捷键是 Command+0（macOS）或 Ctrl+0（Windows）］，在主界面中打开"项目"面板。

如果导入的素材在"项目"面板中顺序较乱，可以单击"项目"面板上方的"名称""类型""大小"等文字按钮，调整素材的排列顺序，如图 1-14 所示。

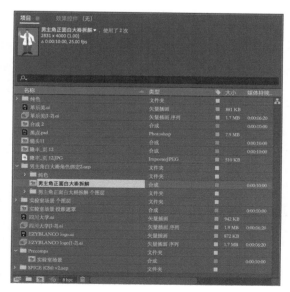

图　1-14

随着项目的制作逐渐复杂，导入的素材也会越来越多。这时可以单击"项目"面板左下角的"新建文件夹"按钮，新建一个文件夹，并将相应的素材拖入该文件夹，这样可以更好地管理素材，使"项目"面板更加整洁、有序，便于后续操作。

如果导入的是带图层的PSD或AI格式的文件，会弹出一个面板，可以设置"导入种类"是"素材"还是"合成"，"素材"是指将所有图层合并为单个图层导入，而"合成"是指将所有图层都导入一个新建的合成中。另外，还可以在"图层选项"中设置将图层合并，或者选择单独导入某个图层，如图 1-15 所示。

还有一种素材叫"序列图"，一般应用在延时摄影或者动画制作中，是指一张一张文件名按一定规则连在一起的图片，它们可以作为一个动态文件导入。但这些图片必须放在同一个文件夹中，并使用有规律的格式命名，如 comp001、comp002、comp003 等。

以JPG格式的图片为例，选中序列图的第一张图片，然后在导入面板的下方勾选"'ImporterJPEG'序列"选项，然后单击右下方的"打开"按钮，即可批量导入序列图，如图 1-16 所示。

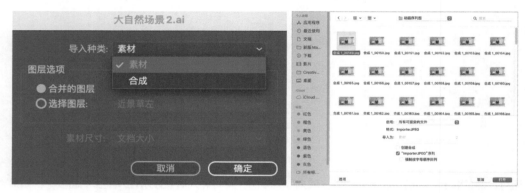

图 1-15　　　　　　　　　　　　　　　　　　　图 1-16

2. 制作

在"项目"面板中，将素材拖曳到下面的时间轴中，就会看到该素材的画面在"合成"面板中显示出来，如图 1-17 所示。

图 1-17

　　按照上述方法，将多个素材拖曳到时间轴中，然后按 V 键，切换到工具栏上的"选取工具"，在"时间轴"面板中选中某个素材，就可以在"合成"面板中调整该素材的位置及大小，如图 1-18 所示。

图　1-18

　　在时间轴中选中某个素材，"效果"菜单中有大量的特效可以添加。执行菜单中的"效果"→"模糊和锐化"→"高斯模糊"命令，这时"项目"面板会自动跳转到"效果控件"面板，如果没有自动跳转，可以执行"窗口"→"效果控件"命令进行跳转，然后将"高斯模糊"特效的"模糊度"参数调高，就可以看到素材变得模糊了，如图 1-19 所示。

图　1-19

在制作的过程中，为了方便观察画面的效果，需要对"合成"面板中的画面进行移动和缩放，这时会分别用到工具栏中的"手形工具"和"缩放工具"。

"手形工具"，如图 1-20 所示，可以移动画面，但如果频繁单击"手形工具"会很麻烦。"手形工具"有两种快捷的使用方法：一种是按 H 键，可以切换到"手形工具"；另一种比较常用，按住空格键不松手，这样无论当前正在使用的是什么工具，都可以临时切换到"手形工具"，拖曳鼠标可以对画面进行移动，松开空格键会自动切换到之前使用的工具。

"缩放工具"，如图 1-21 所示，可以对画面进行放大或缩小，以便于观看。单击"缩放工具"，再在画面中单击，会将画面放大，按住 Option 键（macOS）或 Alt 键（Windows）并单击画面，会将画面缩小，也可以对某一细节进行框选，这样就会放大框选范围内的部分。

图 1-20　　　　　　　　　　　　　　图 1-21

"缩放工具"有 3 种快捷的使用方法：第一种是按 Z 键，可以切换到"缩放工具"；第二种比较常用，按句号键可以放大画面，按逗号键可以缩小画面；第三种是把鼠标指针放在画面上，通过滚动滚轮来控制画面的大小。

制作完成后，如果想预览动态效果，可以按空格键或者小键盘上的 0 键进行播放。

3. 成片输出

制作完成以后，就需要进行成片输出了。

选中时间轴中的所有图层，执行菜单中的"合成"→"添加到渲染序列"命令［快捷键是 Control+Command+M（macOS）或 Ctrl+M（Windows）］，就可以打开"渲染队列"面板，如图 1-22 所示。

图 1-22

单击"输出到"后面的文字，会弹出"将影片输出到"面板，可以设置输出文件的保存路径和文件名。然后单击"输出模块"后面的"无损"文字，会弹出"输出模块设置"面板，可以设置输出的格式和画质等，如图 1-23 所示。

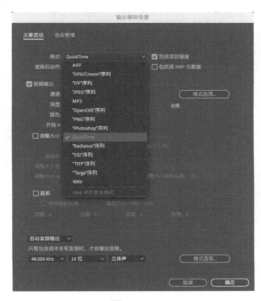

图　1-23

需要说明的是，After Effects 支持的输出格式较为有限，视频格式只有 AVI 和 MOV 两种，其他格式也都以序列图为主。这是因为 After Effects 以制作单个镜头为主，一般都需要将这些镜头导入 Premiere 等软件中进行剪辑，所以输出的文件都是以无损画质为主的格式。

如果需要输出 MP4 等格式的视频，可以执行菜单中的"合成"→"添加 Adobe Media Encoder"命令，这时系统会自动打开 Adobe 公司的 Media Encoder 软件。在"队列"面板中将输出格式改为 H.264，再单击界面右上角绿色的小三角图标，就可以输出 MP4 格式的视频了，如图 1-24 所示。

图　1-24

王老师的碎碎念

有时候由于系统原因，执行"添加 Adobe Media Encoder"命令后，Media Encoder 并不会自动打开，这是因为 After Effects 和 Media Encoder 没有被关联起来。这时可以使用 After Effects 输出无损的 AVI 或 MOV 格式的视频，然后手动打开 Media Encoder，把输出的视频拖到该软件中，再输出 MP4 格式的视频。

有时需要对素材进行二次合成，就需要输出带有透明背景的序列图。以 PNG 序列为例，把"通道"设置为 RGB+Alpha，这样输出的 PNG 图片就会带有透明背景，如图 1-25 所示。

单击"渲染队列"面板中"渲染设置"后面的"最佳设置"文字，会弹出"渲染设置"面板，可以将"品质"设置为"最佳"，还可以调整渲染的开始和结束时间，如图 1-26 所示。

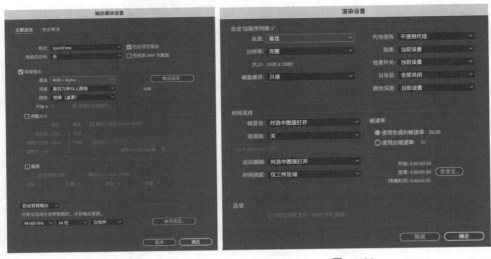

图 1-25   图 1-26

参数设置好以后，单击时间轴右上角的"渲染"按钮，开始渲染当前制作的文件，时间轴上会实时显示渲染进度，在渲染过程中可以随时暂停和停止渲染，如图 1-27 所示。

图 1-27

渲染完毕，系统会发出提示音，"渲染队列"面板中的所有参数都会变成灰色。这时可以在计算机中找到渲染好的文件并进行下一步的处理。

 本章小结

本章介绍了视频的发展历史和规格要求、视频制作中会使用到的素材文件的类型和格式、After Effects 的发展历史和定位，并对 After Effects 的界面和基本操作做了讲解。其中涉及的快捷键在实际的制作过程中会经常用到。

 练习题

1. 尝试使用一张图片或一个视频，按照导入、制作、成片输出的制作流程，完整地在 After Effects 中进行操作，熟悉软件的基本操作。

2. 熟练掌握本章中提到的 After Effects 的快捷键。

第 2 章

动态文本设计

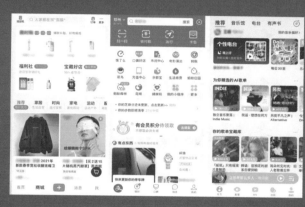

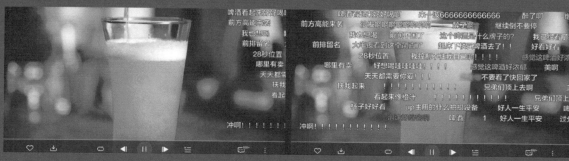

2.1 字体的类型

无论是在 UI 动效还是影视作品中，文本都是一个很重要的元素。文本是由一个个文字组成的，文字经历了漫长的发展过程。

1. 手写体

在古代，西方以羊皮纸为载体，用蘸水笔写下各种字体的文字，包括罗马手写体、意大利花体、欧洲哥特体等；中国以宣纸为载体，使用毛笔和墨汁写下各种字体的文字，包括楷书、行书、草书等。图 2-1 所示是手写体。

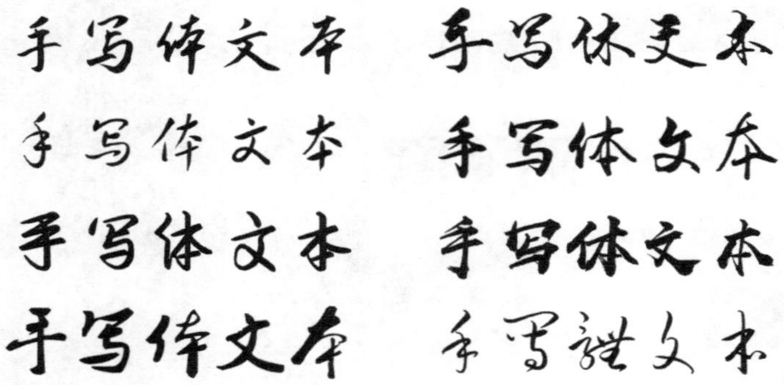

图 2-1

2. 印刷体

印刷术诞生以后，人类逐渐进入用纸张进行大批量印刷的工业时代，这时彰显个性的手写体就不再适用，而横平竖直、字符框架搭得很规范的印刷体就开始流行起来。英文印刷体有 Arial、Times New Roman 等，中文印刷体有宋体、仿宋体、黑体等。图 2-2 所示是标准的仿宋体。

图 2-2

3. 装饰体

装饰体是在基本字形的基础上进行装饰、变形而成的。它的特征是在一定程度上摆脱了印刷体字形和笔画的约束，根据实际需要进行设计，达到加强文字的精神含义和感染力的目的。装饰体表达的含义丰富多彩，包括曲线造型的倩体、有尖锐折角的菱心体、可爱的少女体等。图 2-3 所示是不同中文装饰体的效果。

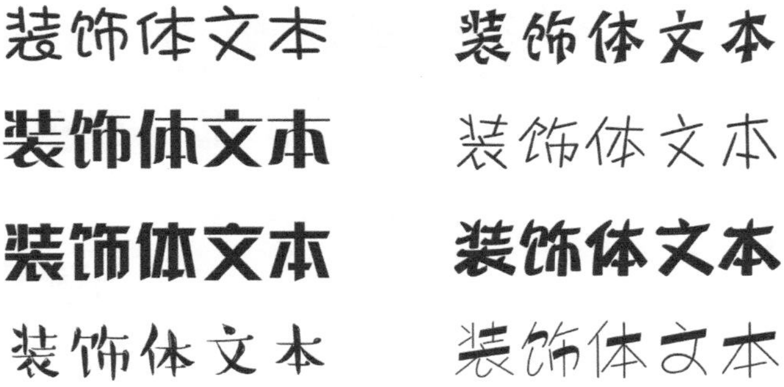
装饰体文本
装饰体文本
装饰体文本
装饰体文本
装饰体文本
装饰体文本
装饰体文本
装饰体文本

图 2-3

很多常用的字体除了常规效果以外，还有一些其他的表现形式。例如，英文字体 Arial 有 Regular（常规）、Italic（斜体）、Bold（加粗）、Bold Italic（加粗斜体）、Black（加黑）5 种表现形式，如图 2-4 所示。

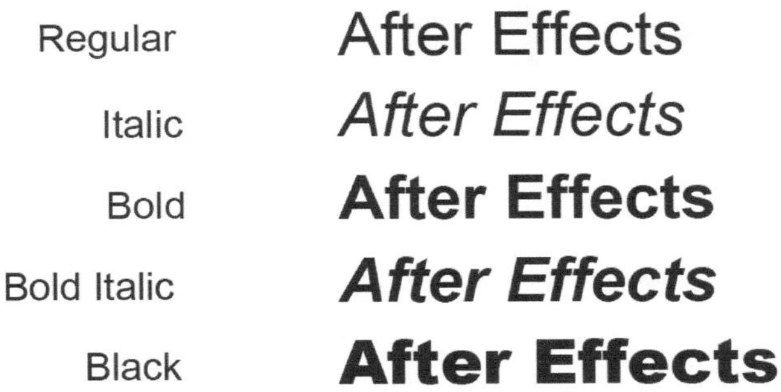
Regular
After Effects
Italic
After Effects
Bold
After Effects
Bold Italic
After Effects
Black
After Effects

图 2-4

2.2 文本的设计要求

文本最重要的设计要求就是将文字信息清晰、准确地传达给观众。

基于这个要求，文字必须要清晰，不能有马赛克或其他导致观众难以辨认的情况出现，如图 2-5 所示。文字颜色必须要与背景色区分开，不能有文字颜色和背景色较为接近的情况出现，如图 2-6 所示。

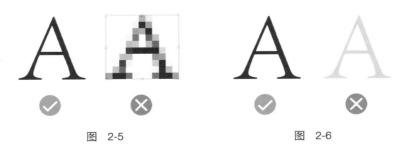

图 2-5

图 2-6

其实如果大家仔细观察，会发现手机中几乎所有 App 的界面使用的字体都以黑体为主，如图 2-7 所示。

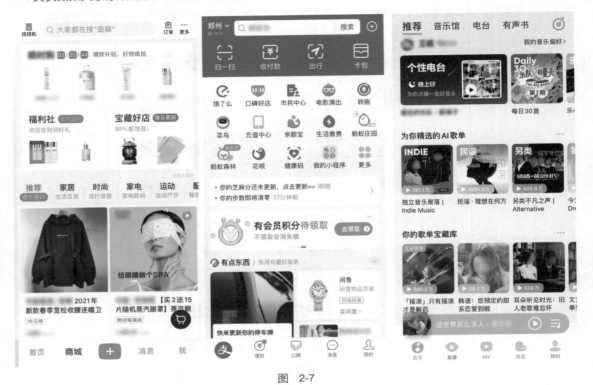

图 2-7

这是因为黑体的文字笔画粗细基本一致，辨识度较高。而宋体这种衬线体虽然结构精致美观，但由于横的笔画较细，导致其辨识度比黑体要低，因此在 UI 和影视作品中，黑体的使用优先级是在宋体之前的。黑体与宋体文字的对比如图 2-8 所示。

宋体这种衬线体还会使观众产生误解。例如"天"字的两横较细，缩小后有可能会使观众看不清楚，会误认为人、夫、无等文字，如图 2-9 所示。

图 2-8   图 2-9

信息传达错误是比信息传达不到位更为严重的问题，会导致观众对信息的错误解读。对于纸质的印刷品，观众可以拿在手里阅读，如果看不清楚，可以拿近一点看。但是影视作品一般都是在电视、电影院的屏幕上播映的，观众一般也不会起身凑近去看，而且影视作品是动态的，有些信息观众没有读取完可能就消失了，所以影视作品中一般会使用辨识度高的黑体，来尽量保证观众能够快速、清晰、准确地读取信息。

除了单个文字，多文字组合也会出现各种问题。例如字间距太小，就会使相邻的文字重叠在一起，造成观众难以辨识甚至误读的情况；另外，文字的装饰性也不宜太强，否则会让非母语的观众阅读起来很吃力，如图 2-10 所示。

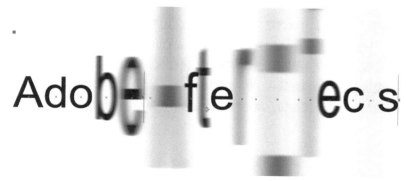

图　2-10

在动态文本中，文字会产生放大、缩小、模糊等动画效果，这些效果虽然很炫、很好看，但会使观众读取文字内容更加困难，因此动画效果结束后，文本一定要静止一段时间，使观众能顺利读取文字内容，如图 2-11 所示。

图　2-11

如果是字数较多的动态文本，还要考虑到观众读取的时间。正常情况下，观众在 1 秒内可以读取 3~5 个字，因此可以将整段文本的字数除以 4，得到观众正常读完这段文字需要的时间。在制作动态文本时，要保证该段文字在画面中的静止时间不短于该时长。

例如对于一段 200 字的文本，正常情况下，观众读完它需要 50 秒左右，因此这段文本在画面中的静止时间就不能少于 50 秒。

2.3 After Effects中的文本

下面我们来了解一下，在 After Effects 中是怎样创建文本的。

首先新建一个合成，然后单击界面上方工具栏中的"横排文字工具"，也可以按快捷键 Command+T（macOS）或 Ctrl+T（Windows）切换到该工具，再在"合成"面板中单击任意位置，接着输入文字，输入完成后按小键盘上的 Enter 键即可。如果按的是主键盘上的 Enter 键，会另起一行。单击"合成"面板以外的任何位置，或者切换至其他工具，即可退出文本编辑模式。这时时间轴中会增加一个以该文字命名的文字图层，如图 2-12 所示。

图　2-12

在界面右侧的"字符"面板中，可以调整文本的相关参数。如果界面中没有该面板，可以执行菜单中的"窗口"→"字符"命令［快捷键是 Command+6（macOS）或 Ctrl+6（Windows）］，即可打开。

在时间轴中选中想要调整的文字图层，单击"字符"面板右上角的色块，在弹出的"文本颜色"面板中选择颜色，就可以改变当前文字的填充颜色，如图 2-13 所示。

单击"字符"面板左上角的下拉按钮，就可以在弹出的下拉菜单中选择其他字体，如图 2-14 所示。

图　2-13　　　　　　　　　　　　　　　　　图　2-14

另外，字体大小、行距、字间距等参数也可以在"字符"面板中调整。

如果需要输入段落文本，还是使用工具栏中的"横排文字工具"，在"合成"面板的画面中拖曳出一个文本定界框，然后输入文字，会看到文字就被限定在框中了，如图 2-15 所示。如果想要调整文本定界框的大小，可以使用"横排文字工具"拖曳文本定界框的边缘进行调整。

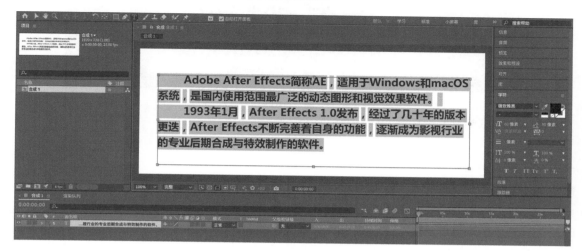

图 2-15

在右侧的"段落"面板中，可以调整段落文本的对齐方式、缩进边距、文本方向等参数，也可以选中一些文字进行单独调整，如图 2-16 所示。

如果需要输入竖排文字，可以长按工具栏上的"文字工具"，在弹出的浮动菜单中选择"直排文字工具"，就可以在"合成"面板中输入竖排文字了，如图 2-17 所示。

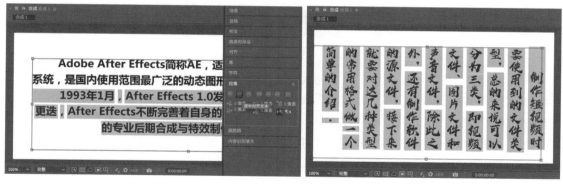

图 2-16　　　　　　　　　　　　　　　图 2-17

2.4 示范实例——动态弹幕

弹幕指的是在观看视频时，在画面上飘过的实时性评论字幕。弹幕可以给观众一种"实时互动"的感觉。观众可以在观看视频时发送弹幕，其他用户发送的弹幕也会同步出现在视频画面上。

弹幕最早来自日本的 niconico 动画弹幕网站，被国内的 AcFun 网站引进并使用，现在被广泛应用于各大网站中。

本节讲的就是如何使用 After Effects 制作动态弹幕，效果如图 2-18 所示。

图　2-18

2.4.1　弹幕文字的制作

01 在After Effects中，执行菜单中的"文件"→"导入"→"文件"命令［快捷键是Command+I（macOS）或Ctrl+I（Windows）］，将提供的素材文件"2.4-播放器UI.psd"和"2.4-播放器视频.MOV"导入进来。因为"2.4-播放器UI.psd"是有多个图层的Photoshop源文件，所以导入时会弹出提示面板，在"导入种类"中选择"素材"，将"图层选项"设置为"合并的图层"，再单击"确定"按钮就可以了，如图2-19所示。

图　2-19

02 执行菜单中的"合成"→"新建合成"命令［快捷键是Command+N（macOS）或Ctrl+N（Windows）］，在弹出的"合成设置"面板中，将"合成名称"改为"动效弹幕"，"预设"改为HDTV 1080 25，这是一个标准的1080P的视频格式，再设置"持续时间"为0:00:05:00，将该合成的总时长设置为5秒，单击"确定"按钮，如图2-20所示。这时"项目"面板中就会有之前导入的两个素材和刚才新建的合成，共3个文件。

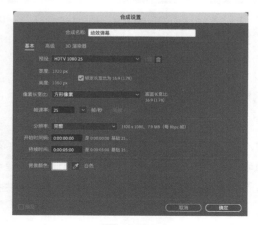

图　2-20

03 将两个素材逐一拖到时间轴中，并将"2.4-播放器视频.MOV"放在"2.4-播放器UI.psd"的下面，这时"合成"面板中就会显示出视频在播放器中的效果，如图2-21所示。

图 2-21

04 使用工具栏中的"横排文字工具"，在"合成"面板的画面中拖曳出一个文本定界框，覆盖整个画面，然后输入第一句文字"啤酒看起来好好喝啊"，按小键盘的Enter键完成文字输入。在右侧的"字符"面板中，将文字设置为白色填充和黑色描边，"字体"改为"中黑体"，设置"文字大小"为48像素，"行距"为144像素，"描边宽度"为3像素，并选择"全部填充在全部描边之上"，如图2-22所示。

图 2-22

05 使用"横排文字工具"，单击刚才输入的那句话的位置上，就可以进入文本定界框中继续输入后面的文字，按照自己的喜好输入相关的弹幕内容，如图2-23所示。

图 2-23

06 分别单独选中某条弹幕，将"文本颜色"设置为蓝、黄、绿等鲜艳的颜色，让弹幕的色彩丰富起来，如图2-24所示。

图　2-24

2.4.2　弹幕动效的制作

接下来为弹幕设置从右向左运动的动画效果。

01 在时间轴上将时间滑块移动到0秒的起始处，选中文字图层，按P键显示出该图层的"位置"属性。

单击"位置"属性左侧的小秒表按钮，为该图层设置关键帧，再使用工具栏上的"选取工具"，将弹幕文字向右侧移出"合成"面板中的画面，如图 2-25 所示。

图　2-25

📺 **技术解析**

每个图层都有几个非常常用的属性，介绍如下。

锚点（快捷键是 A）： 该图层的中心点，用于设置旋转轴心。

位置（快捷键是 P）： 该图层的位置坐标，第一个数值是 x 轴上的横向坐标，第二个数值是 y 轴上的纵向坐标。

缩放（快捷键是 S）： 该图层的长度和宽度，默认均是 100 像素，而且是等比例缩放，如果需要解除长度和宽度的缩放锁定，需要单击数值前面的锁链图标。

> **旋转（快捷键是 R）**：该图层的旋转角度，默认值是 0×+0.0。前面的 0 是旋转的周数，后面的数值是具体角度。
>
> **不透明度（快捷键是 T）**：该图层的透明程度，默认是 100%，即完全不透明。
>
> 每个属性前面都会有一个小秒表按钮，单击该按钮就会在时间滑块的位置添加一个关键帧。

02 将时间滑块移动到5秒的结尾处，再将弹幕文字移动回画面中，由于位置发生了变化，时间轴上5秒的结尾处会自动出现新的关键帧，如图2-26所示。这时按空格键，会看到弹幕整体从右向左进行移动。

图　2-26

03 此时，画面中的弹幕数量还是太少，可以选中文字图层，执行菜单中的"编辑"→"重复"命令［快捷键是Command+D（macOS）或Ctrl+D（Windows）］，复制出一个文字图层。但是现在两个文字图层重叠在一起了，需要把它们分开。选中任意一个文字图层，在时间轴上框选该图层的两个关键帧，并将时间滑块移动到任意一个关键帧的位置，使用"选取工具"将画面中的弹幕文字向下移动，这样弹幕文字看起来就更加密集了，如图2-27所示。

图　2-27

04 修改新文字图层中的弹幕文字，使两段弹幕的内容不一致，让弹幕更加丰富，如图2-28所示。

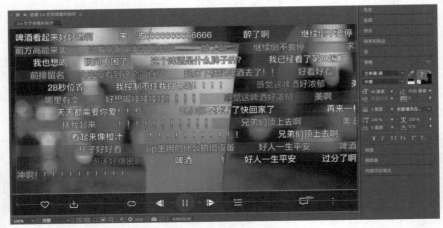

图　2-28

05 此时按空格键预览视频，会看到弹幕文字虽然密集，但是移动速度都是一样的，缺乏变化。重新调整新文字图层的位置，使弹幕文字在第1个关键帧处更靠右侧，第2个关键帧处更靠左侧，这样新弹幕文字的移动速度更快，整体弹幕动效更富有变化，如图2-29所示。

图　2-29

制作完毕后就可以根据需要输出不同格式的视频了。最终完成的文件是素材中的"2.4- 动态弹幕 .aep"文件，有需要的读者可以自行打开查看。

2.5 示范实例——手机短信动画

手机短信的发明人是芬兰人，传说是因为北欧人比较含蓄，不喜欢通过打电话来表达情感，于是就突发奇想发明了短信。1992 年，世界上第一条短信在英国沃达丰的网络上通过计算机向手机发送成功，标志着手机短信诞生。

随着移动互联网的兴起，短信内容发展出文字、语音、图片、视频、链接等多种形式，成为人们生活中越来越不可缺少的组成部分。

本节讲的就是如何使用 After Effects 制作手机短信动画，效果如图 2-30 所示。

图　2-30

01 在After Effects中，执行菜单中的"文件"→"导入"→"文件"命令［快捷键是Command+I（macOS）或Ctrl+I（Windows）］，将提供的素材文件"2.5-短信界面.psd"导入进来。因为该PSD文件有两个图层，所以在"导入种类"中选择"合成"，这样PSD文件就会以"合成"的形式导入进来，并在该合成内保留所有的图层，如图2-31所示。

在"项目"面板中双击该合成，会看到时间轴中显示出两个图层文件，"合成"面板中也会显示出图像。这是一个在 Photoshop 中做好的短信界面，如图 2-32 所示。

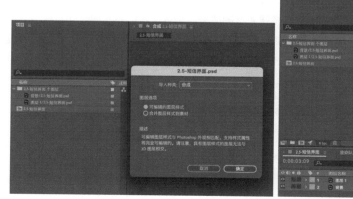

图　2-31

图　2-32

02 绘制短信对话框。在界面顶部的工具栏中长按"矩形工具"，在弹出的浮动菜单中选择"圆角矩形工具"，并勾选工具栏右侧的"贝塞尔曲线路径"，这样绘制出来的图形就更容易编辑。然后在没有选中任何图层的情况下，在"合成"面板的画面中拖曳出一个圆角矩形，单击工具栏中"填充"右侧的色块，在弹出的"形状填充颜色"面板中，将绘制出来的圆角矩形的填充颜色改为浅灰色，如图2-33所示。

图 2-33

03 绘制短信对话框左下方的尖角。长按工具栏中的"钢笔工具"，在弹出的浮动菜单中选择"添加'顶点'工具"，在刚才绘制的圆角矩形的左下角单击，会添加一个新的点。再使用"选取工具"，将这个新的点往左下方移动一些，形成一个尖角，这样就完成了短信对话框的绘制，如图2-34所示。

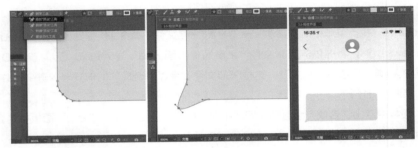

图 2-34

04 制作短信对话框弹出的动画效果。选中对话框图层，按P键，打开该图层的"位置"属性，把时间滑块移动到第19帧的位置，单击"位置"属性左侧的小秒表按钮为该图层设置关键帧。然后先把时间滑块移动到时间轴上的0秒位置，使用"选取工具"，将短信对话框向下移动出画面，再把时间滑块移动到第14帧的位置，把短信对话框向上移动一点儿。按空格键预览动画效果，会看到短信对话框由画面下方升了起来。在时间轴上框选3个关键帧，按F9键为动画添加"缓动"效果，如图2-35所示。

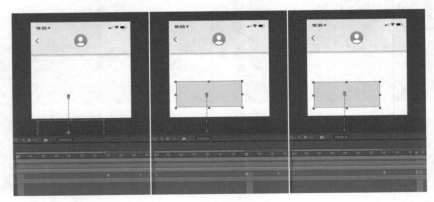

图 2-35

05 使用工具栏中的"横排文字工具"［快捷键是Command+T（macOS）或Ctrl+T（Windows）］，照着短信对话框的范围，拖曳出一个文本定界框，然后输入短信的文字内容，如图2-36所示。

图　2-36

06 因为短信对话框的动画是在第19帧才停下来的，所以文字也要在第19帧时出现。将时间滑块移动到第19帧的位置，选中文字图层，使用快捷键Option+［（macOS）或Alt+［（Windows），将文字图层前19帧的部分删除，这样文字就会在第19帧出现了，如图2-37所示。

图　2-37

王老师的碎碎念

在After Effects中也可以进行简单的剪辑。选中图层，使用快捷键Option+[（macOS）或Alt+[（Windows），可以把该图层时间滑块前面的部分剪掉；使用快捷键Option+]（macOS）或Alt+]（Windows），可以把该图层时间滑块后面的部分剪掉；使用快捷键Shift+Command+D（macOS）或Shift+Ctrl+D（Windows），或者执行菜单中的"编辑"→"拆分图层"命令，可以把该图层在时间滑块的位置一分为二，拆分成两段。

07 After Effects中有很多关于文字的动效预设。先选中文字图层，把时间滑块移动到文字图层出现的第19帧的位置，然后在"效果和预设"面板中，依次点开"动画预设"→"Text"→"Mechanical"文件夹，双击其中的"底线"动画预设效果，或者将该效果直接拖到时间轴中的文字图层上，再按空格键预览动画效果，会看到文字从第19帧开始逐个出现，如图2-38所示。

08 此时文字动画的时间有1秒多，因为短信文字是快速出现的，所以需要缩短该时间。选中文字图层，按U键，将文字图层的所有关键帧都显示出来，选中右侧的两个关键帧，将它们向左移动一些，将整个文字动画的时间缩短为0.5秒左右，如图2-39所示。

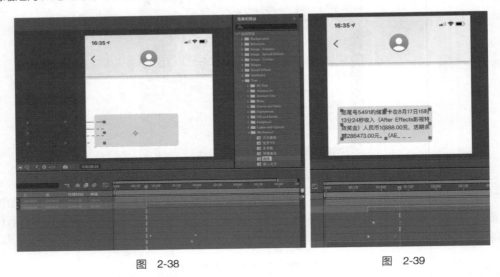

图 2-38　　　　　　　　　　图 2-39

09 在短信对话框上添加短信出现的时间"今天16:35"，和界面左上方的时间保持一致。这样一条短信就由3个图层组成，分别是对话框图层、文字图层和时间图层。选中文字图层和时间图层，将时间轴中的"父级和链接"下面的螺旋形按钮拖曳到对话框图层上，这样它们就变成了对话框图层的子级图层，会随着对话框图层的运动而运动，如图2-40所示。

图 2-40

10 选中对话框图层，设置它的位置关键帧，使其带动其他两个图层在1秒11到2秒的位置由下往上移动一些，为下一条短信留出位置，如图2-41所示。

11 选中这3个图层，按快捷键Command+D（macOS）或Ctrl+D（Windows），复制出一条新的短信，按V键切换到"选取工具"，将新的3个图层在时间轴上向右拖到1秒的位置，让第二条短信从1秒开始向上弹出，并修改短信的文字内容，再调整该短信对话框的大小，使之匹配文字内容，如图2-42所示。

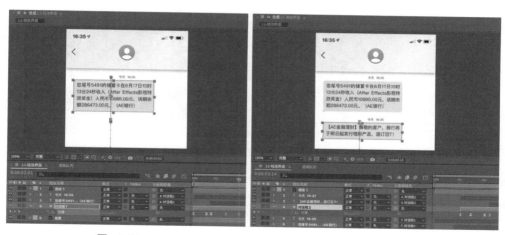

图 2-41   图 2-42

按空格键预览动画效果，会看到第一条短信先进入画面，然后向上移动，接着第二条短信进入画面。

12 用同样的方法制作第三条短信。因为这条短信是由机主发出的，所以短信对话框的尖角应该在右下角。这里可以打开对话框图层的"缩放"属性，先单击数值前面的锁链图标，取消锁定比例，再把左侧的数值改为负数，这样就会使图层进行镜像翻转，短信对话框的尖角就到右侧了，如图2-43所示。

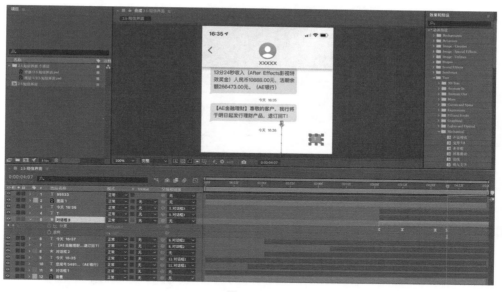

图 2-43

最终完成的文件是素材中的"2.5-手机短信动画.aep"文件，有需要的读者可以自行打开查看。

2.6 示范实例——文字的Q弹动效

在很多 App 中，每当用户完成了一项任务，系统就会弹出带有 Q 弹动效的祝贺文字。本节讲的就是如何使用 After Effects 制作文字的 Q 弹动效，效果如图 2-44 所示。

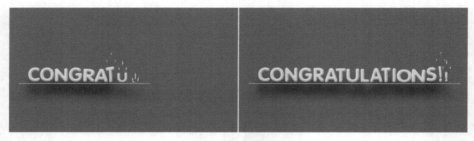

图 2-44

本实例的动画效果是文字一个一个地弹出来，每个文字的动画效果基本上是一样的，因此可以先做好一个文字的动画效果，然后将其多次复制并修改为其他文字。

2.6.1 单个文字的Q弹动效的制作

01 新建一个1080像素×1080像素的合成，将其命名为C，设置"帧速率"为30帧/秒，"持续时间"为3秒。进入合成，创建文字C，将其设置为黄色，选择一款圆润的字体，设置"文字大小"为512像素，并加粗。使用"选取工具"把它向下移动，如图2-45所示。

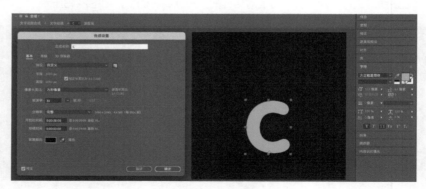

图 2-45

02 选中文字图层，分别执行菜单中的"图层"→"图层样式"→"内投影"和"斜面和浮雕"命令，并在文字图层中进行图2-46所示的设置，使文字呈现出立体感和光感。

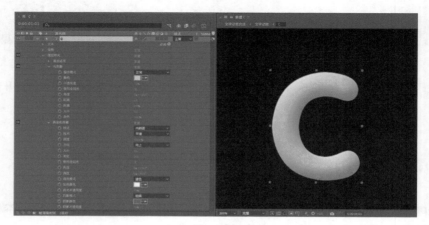

图 2-46

王老师的碎碎念

在为图层添加"图层样式"效果的时候，也可以在该图层上单击鼠标右键，在弹出的浮动菜单中进入"图层样式"菜单进行选择，相比在主菜单中操作，这样会更加方便。

03 使用工具栏上的"向后平移（锚点）工具"（快捷键是Y），将文字的中心点移动到底部，这样接下来在制作动画时，就可以以底部为中心点进行缩放，如图2-47所示。

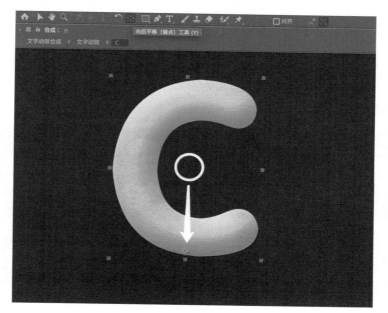

图 2-47

04 制作文字弹出来的动画效果。选中文字图层，按S键打开它的"缩放"属性，并单击数值前面的锁链图标，取消锁定比例，分别在第0帧、7帧、13帧、18帧、23帧、28帧的位置添加关键帧，按照图2-48调整缩放参数，按空格键预览动画效果，会看到文字由下到上弹了起来。

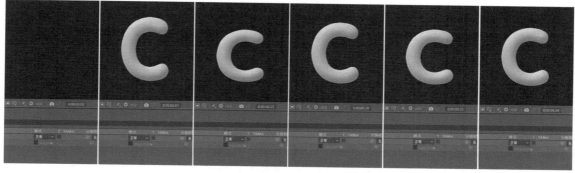

图 2-48

05 执行菜单中的"效果"→"扭曲"→"变形"命令，打开该命令的"弯曲"参数，也分别在第0帧、7帧、13帧、18帧、23帧、28帧的位置添加关键帧，分别调整参数为50、-35、30、-15、10、0，这样就能给文字加上挤压变形的效果，如图2-49所示。

41

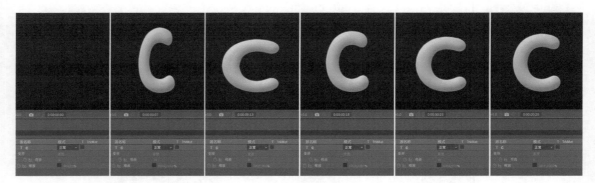

图　2-49

06 执行菜单中的"效果"→"扭曲"→"CC Bend It"命令，打开该命令的"Bend"参数，同样分别在第0帧、7帧、13帧、18帧、23帧、28帧的位置添加关键帧，分别调整参数为1、-12、8、-4、-1、-1，这样文字就有了倾斜扭曲的效果，如图2-50所示。

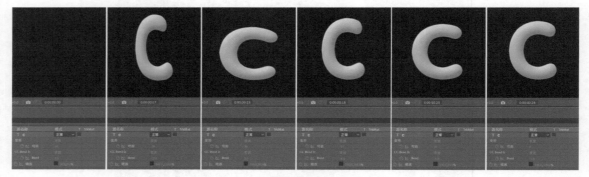

图　2-50

07 将提供的素材文件"2.6-动效速度线.aep"导入进来，该文件有两个合成，分别是"速度线"和"星点"，如图2-51所示。

08 把"速度线"合成拖曳到文字图层上面，先按R键打开它的"旋转"属性，调整参数为0×-90.0°，再按P键打开它的"位置"属性，在时间轴的起始处，将它放在画面底部，在时间轴的结束处，将它放在文字的上面，这样就做出了文字弹出的速度线的效果，如图2-52所示。

图　2-51　　　　　　　　　　　　　　　　图　2-52

现在,单个文字的Q弹动效就完成了,接下来需要新建一个合成,把该动效多次复制,并修改为其他文字,最终组成"congratulations！！"。

2.6.2 使用合成制作多个文字的Q弹动效

01 新建一个合成,将其命名为"文字动效",设置"宽度"为1920像素,"高度"为1080像素,"帧速率"为30帧/秒,"持续时间"为3秒。然后把刚才做好的C合成拖曳到时间轴中,将"缩放"属性的两个参数都设置为32%,以便画面中能放下其他的十几个文字,如图2-53所示。

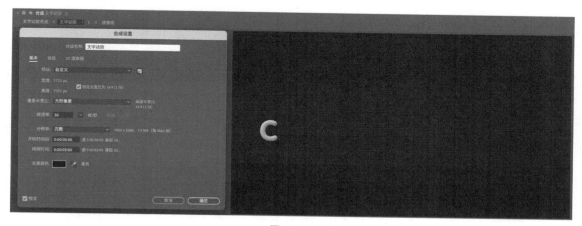

图 2-53

02 在"项目"面板中选中C合成,按快捷键Command+D (macOS) 或Ctrl+D (Windows) ,复制出新的合成,并将其命名为O,双击进入O合成中,将文字改为O,如图2-54所示。

03 重新回到"文字动效"合成,将O合成拖曳到时间轴中,使用"选取工具"将文字O向右侧移动一点儿,让它和文字C依次出现,如图2-55所示。

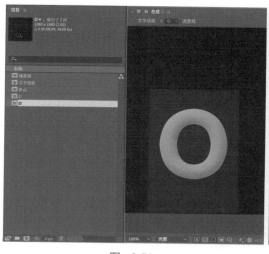

图 2-54

图 2-55

04 重复刚才的操作,将其他的十几个文字按照同样的方法依次排列在"文字动效"合成的时间轴中,按空格键播放动画,就能看到文字依次出现组成"congratulations！！",如图2-56所示。

图　2-56

05 绘制一个长条矩形，把中心点放在最左侧，调整"缩放"参数并设置关键帧，让它随着文字的出现而延长，如图2-57所示。

图　2-57

06 在"项目"面板中，在"文字动效"合成上单击鼠标右键，在弹出的浮动菜单中执行"基于所选项新建合成"命令，把该合成直接放在一个新建的合成中，如图2-58所示。

07 在新建的合成中执行菜单中的"合成"→"合成设置"命令［快捷键是Command+K（macOS）或Ctrl+K（Windows）］，将合成的名字改为"文字动效合成"，如图2-59所示。

图　2-58

图　2-59

08 在"文字特效合成"合成中，执行菜单中的"图层"→"新建"→"纯色"命令［快捷键是Command+Y（macOS）或Ctrl+Y（Windows）］，将新建的纯色图层拖曳到时间轴最下层，再执行菜单中的"效果"→"生成"→"油漆桶"命令，将该图层填充为红色。这样文字就有了红色的背景，如图2-60所示。

图　2-60

此时文字颜色有点深了，如果分别进入每个文字的合成中修改文字的颜色，操作会太烦琐。因为全部文字都已经添加到"文字动效合成"合成中了，所以可以针对该合成进行整体调整。

09 在"文字动效合成"合成中选中"文字动效"图层，执行"效果"→"颜色校正"→"色相/饱和度"命令，先调整其中的"主色相"参数，使文字整体偏黄一点儿，再调整"主亮度"参数，使文字更亮一些，使文字颜色和背景颜色区分开。

然后执行"效果"→"透视"→"投影"命令，将"距离"和"柔和度"参数调高，给文字添加柔和的阴影效果，使文字更加有立体感和空间感，如图 2-61 所示。

图　2-61

10 将之前导入的"星点"合成拖曳到时间轴最上层靠右侧的位置，这样文字全部出现后，画面中会出现"撒花"的效果，增加动效的气氛，如图2-62所示。

图 2-62

最终完成的文件是素材中的"2.6-Q弹的文字动效 .aep"文件，有需要的读者可以自行打开查看。

2.7 示范实例——文本片头动画

片头是放在整部影片前部，通过一定的艺术手法高度体现和呈现出影片特点，吸引观众注意力，并展现片名字幕的镜头。

随着计算机的普及，特别是多媒体技术的发展，目前片头的展示形式、艺术表现形式已经越来越多样化。由于片头能给观众留下第一印象，从总体上展现影片的风格和气质，展现影片的制作水平和质量，因此对整个影片具有非常重要的影响。

本实例设定的是系列 Vlog 剧情短视频的一集，因此需要有统一的名字——《大学老师的一天》。既然有片名，就需要片名字幕。本节讲的就是如何使用 After Effects 制作一条比较精致的片头动画。

2.7.1 文本动画的制作

01 打开After Effects，执行菜单中的"合成"→"新建合成"命令［快捷键是Command+N（macOS）或Ctrl+N（Windows）］，在"合成设置"面板中，使用"HDTV 1080 25"的预设新建一个持续时间为10秒的"合成1"合成，并将"背景颜色"设置为白色，如图2-63所示。

02 使用工具栏中的"横排文字工具"，在"合成"面板中输入"● My Vlog ●"的文字，并调整文字颜色为绿色，使用黑体系列的字体，把文字放在画面的正上方。在"效果和预设"面板中，依次打开"动画预设"→"Text"（文字）→"Animate in"（动画进场）文件夹，将"打字机"特效拖曳到文字图层上，给标题添加动态效果，如图2-64所示。

03 这种排列成一条直线的文字缺乏变化，使用工具栏中的"钢笔工具"（快捷键是G）可以对其进行调整。先选中文字图层，再在"合成"面板中的文字下面依次单击，添加3个点，中间的点需要稍高一些，并且第三次单击后不要松开鼠标左键，直接从左向右拖曳，就可以绘制出一条曲线。

但是此时文字依然没有按照曲线的弧度发生变化。在时间轴中单击文字图层前面的"›"按钮，再依次单击文字图层下面的"文本"→"路径选项"，在"路径"属性后面的下拉菜单中选择"蒙版 1"，即刚才绘制的曲线，然后就会看到文字附在了曲线上面，以上弧线的形式排列，如图 2-65 所示。

图 2-63

图 2-64

图 2-65

04 在时间轴中选中文字图层，执行菜单中的"编辑"→"重复"命令［快捷键是Command+D（macOS）或Ctrl+D（Windows）］，复制出一个新的文字图层，该文字图层中的字体、颜色、动态效果、曲线等所有属性都与原文字图层一致。再使用工具栏的"选取工具"（快捷键是V），在"合成"面板中将复制出来的新文字移动到画面的正下方。双击该图层，将文字改为"－2021-12-05－"。在"路径"属性后面的下拉菜单中选择"蒙版1"，这时该图层的路径控制点会在"合成"面板中显示出来，使用"选取工具"将中间的点向下移动，使之变为下弧线，和画面正上方的文字相对应，如图2-66所示。

图 2-66

05 使用工具栏中的"横排文字工具"，制作主标题"大学老师的一天"，这次就不用加动画预设和弧线了。在时间轴中选中该图层，按P键打开"位置"属性。将时间滑块移动到第2秒的位置，将主标题放在"● My Vlog ●"的位置，在"位置"属性上添加关键帧。再将时间滑块移动到第3秒的位置，使用"选取工具"将主标题移动到画面的正中间，因为小秒表按钮已经被激活，所以这时会自动在"位置"属性上添加一个关键帧。按空格键预览动画效果，会发现主标题已经被添加了由上往下的动态效果，如图2-67所示。

图 2-67

06 主标题的出场有些平淡，需要添加一些特效。使用工具栏中的"矩形工具"（快捷键是Q），先在时间轴的空白区域单击，确保没有选中任何图层，再在"合成"面板中，在两个副标题中间的空白区域绘制出一个矩形，这样该矩形就是一个单独的图层。

将矩形图层放在主标题图层的上面，在主标题图层的"轨迹遮罩"属性的下拉菜单中选择"Alpha 遮罩'形状图层'"。播放动画，会发现主标题只会出现在矩形的区域内，如图 2-68 所示。

图 2-68

在 After Effects 中，遮罩层必须至少有两个图层，上面的一个图层称为"遮罩层"，下面的一个图层称为"被遮罩层"，这两个图层中只有重叠的地方才会被显示出来。

07 将主标题图层和遮罩层都选中，按快捷键Command+D（macOS）或Ctrl+D（Windows）复制出两个新的图层，再把复制出来的两个图层在时间轴中放到原图层的下面，并稍稍往右侧移动一些，让它们出现得晚一点儿。

选择被复制出来的主标题图层，先在"字符"面板中将文字改为浅红色，再执行菜单中的"效果"→"过渡"→"百叶窗"命令，在"效果控件"面板中将"过渡完成"调整为59%，"方向"调整为0×+47.0°，"宽度"调整为6，这时文字变为由一条条斜细线绘制而成，给标题的画面效果增加一些细节，如图2-69所示。

图 2-69

08 使用工具栏中的"矩形工具"绘制一个长条矩形。在时间轴中选中这个矩形的图层，按S键打开该图层的"缩放"属性。将时间滑块移动到主标题刚出现的位置，单击小秒表按钮，添加关键帧。将时间滑块往前移动一点儿，先单击"缩放"属性的锁链图标取消锁定比例，然后将两个参数改为0和100，并添加关键帧，这样就形成了由中间向两侧拉伸的动画效果。

复制刚才制作的长条矩形图层，使用"选取工具"将复制出来的长条矩形移动到主标题的下方，使两个长条矩形上下对应，如图2-70所示。

图 2-70

这样该入场动画就完成了，先出现上下两个副标题，再出现主标题，最后出现上下两个长条矩形。

2.7.2 3D图层与合成设置

有入场动画，就需要有出场动画。但是如果重新调整这些图层所有的关键帧，工作量会比较大，所以需要把动画效果看作一个整体来制作。

01 在"项目"面板中，在"合成1"合成上单击鼠标右键，在弹出的浮动菜单中执行"基于所选项新建合成"命令，这样就可以把整个"合成1"合成打包成一个新的"合成2"合成。

02 在新的"合成2"合成中，选中唯一的"合成1"图层，按快捷键Command+D（macOS）或Ctrl+D（Windows），复制出一个新图层。单击该图层右侧"伸缩"属性下面的参数100%，在弹出的"时间伸缩"面板中，修改"拉伸因数"为−100，这样就把这个合成动画改为倒放效果，如图2-71所示。单击"确定"按钮后，会发现整个图层消失了，将该图层"出"属性下面的时间修改为"0"即可。

将时间滑块移动到 7 秒的起始处，先选中下面的原图层，按快捷键 Option+］（macOS）或 Alt+］（Windows），将 7 秒后的部分剪掉，再选中上面的倒放图层，按快捷键 Option+［（macOS）或 Alt+［（Windows），将 7 秒前的部分剪掉。按空格键预览，会看到整个标题在前 4 秒入场，静止 3 秒以后出场。

图 2-71

03 在"项目"面板中，对"合成2"合成再执行"基于所选项新建合成"命令，新建"合成3"合成，在时间轴中单击"合成2"图层右侧的"3D图层"按钮，这时会出现"X轴旋转""Y轴旋转""Z轴旋转"3个属性。将时间滑块移动到最左侧的第0秒，调整"Y轴旋转"的参数为0×+90.0°，再将时间滑块移动到第10秒的位置，调整"Y轴旋转"的参数为0×−90°。这样就制作完成了标题字幕的三维旋转效果，使整个二维画面有了纵深感，如图2-72所示。

图 2-72

最终完成的文件是素材中的"2.7- 文本片头动画制作 .aep"文件，有需要的读者可以自行打开查看。

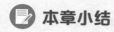 **本章小结**

    本章讲解了在 After Effects 中添加文本、制作文本动效以及添加各种特效的方法。在各种动效的制作中，文本动效是相对简单的，尤其是 After Effects 的"效果和预设"面板中有大量的文本动画预设可以直接调用。

    制作文本动效时，一定要控制好动效时间。正常情况下，观众阅读文字的速度是 3~5 字 / 秒，当一段文字出现在画面中时，要先将字数除以 4，以计算出观众阅读完该段文字所需要的时间，再根据该时间来制作动效，以免出现观众没有读完文字或者读完文字后等待时间太长等问题。

练习题

    1. 尝试设计一个文本片头的动态效果，并制作出来，时长控制在 10 秒以内。

    2. 尝试制作一段不少于 100 字的文本动效，要根据观众读完该段文字所需的时间来设计动效。

第 3 章

界面交互
动效设计

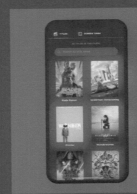

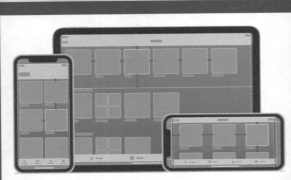

3.1 以用户为中心的设计思维

UI 是 User Interface（用户界面）的英文缩写，泛指操作界面。这是一种将用户与数字产品（计算机、手机等）连接起来的方式，通过图像和文本的移动、放缩、旋转、色彩变化等效果，来传达复杂的概念和创意，如图 3-1 所示。

图 3-1

好的 UI 设计不仅能让软件变得与众不同，还能使软件的操作变得顺畅、自然和方便，能充分体现出软件的定位和特点。

因为所有软件都是由用户来使用的，所以软件的 UI 必须以用户为中心进行设计。简单地说，就是在进行 UI 设计时从用户的需求和感受出发，围绕用户进行设计，而不是让用户去适应产品。

UCD（User Centered Design）是指以用户为中心的设计，是在设计过程中以用户体验为设计决策的中心，强调用户优先的设计模式。

对于一个产品来说，无论是网站还是 App，用户量直接决定了它的生死。如果因为 UI 设计不佳，导致用户使用起来感到很别扭，就会造成用户大量流失。

随着有越来越多的同类产品可以选择，用户会更注重使用这些产品的过程中所需要的时间成本、学习成本、情绪感受，甚至是生理感受。

时间成本：用户使用某个产品时需要花费的时间。如果一个用户经常使用的功能藏得较深，需要单击多次才可以使用，就会增加使用时间，让用户产生消极情绪。因此一定要对用户和产品进行研究，将用户常使用的功能放在容易找到的位置。

学习成本：如果用户第一次使用某个产品时，花费在学习和摸索上的时间和精力很多，甚至第一次没有使用成功，他们放弃这个产品的概率是很高的。有的 UI 虽然设计得极其精美，却因为太复杂导致用户使用起来较烦琐，最终导致，产品失败。

情绪感受：任何 UI 设计都需要与用户产生共鸣，用户是一个个活生生的人，他们是感性的，有需求、希望和恐惧，因此设计师需要通过视觉传达去影响用户。愉悦的情绪不但有助于增加用户使用产品的次数，也会使用户愿意将该产品推荐给别人；而不愉快的使用体验会让用户放弃对产品的使用。

 **王老师的碎碎念**

我也是手机的重度使用者，经常会下载一些新的 App，有过很多次不愉快的使用体验。印象最深的一次是一款我很期待的游戏，打开以后是一段 5 分钟的剧情演示动画，而且没有"跳过"按钮。我极其

> 不喜欢那个动画的画风，却又无法跳过。我强忍着看完进入游戏界面的时候，那种期待的心情已荡然无存，草草玩了两把就把那个游戏卸载了。

生理感受： 很多用户习惯晚上关了灯玩手机，正常的白色用户界面会导致手机散发的光线较强，看久了容易使眼睛产生疲劳感；因此很多手机 App 开始推出深色用户界面，这样在夜间弱光甚至无光的情况下，手机散发的光线较弱，眼睛更容易适应，如图 3-2 所示。

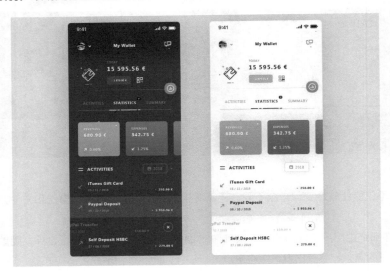

图　3-2

基于以上原因，以用户为中心的设计就显得极为重要。

以用户为中心的设计过程一般包括以下几个内容。

功能可见性（Affordance）： 使用户直观地看出设计对象的功能，例如在界面中的一个设计对象看起来像一个按钮，那么它实际上就应该是一个按钮。

心智和概念模型（Mental and concept models）： 让用户根据自己以前的使用经验判断设计对象功能的行为，例如一个购物车样子的按钮，那么它就应该是在线购物平台的"购物车"按钮。

用户界面设计模式（UI design patterns）： 使用已经建立好的设计标准作为通用方式，用于放置图形用户界面元素、用户交互和反馈。

一个好的以用户为中心的产品设计，可以通过有效性（Effectiveness）、效率（Efficiency）和用户主观满意度（Satisfaction）来进行评判，延伸开来还包括对特定用户而言，产品的易学性、吸引程度、用户在体验产品前后的整体心理感受等。

3.2 界面设计的规范要求

UI 设计是为用户服务的，用户对 UI 的使用体验是设计成功与否的决定性因素，也正因为如此，用户体验设计的概念被提了出来。

UED（User Experience Design，用户体验设计）是以用户为中心的一种设计手段，以用户需求为目标而进行设计，关注的是最终的整体交互体验对用户的效用程度和愉悦程度。

对于设计师来说，UED 最直接的体现就是在 UI 设计和动效设计的规范要求上。

3.2.1　UI设计的规范要求

作为用户体验设计的一个组成部分，UI 设计在开始之初就需要设定好整套产品的视觉设计规范要求，包括且不限于如下几点。

颜色：包括界面用色、背景用色、文字用色、线条用色等。

文字：包括标题字、正文字、辅助字的字体和大小等。

排版：包括对齐、行高、行间距、字间距等。

效果：包括发光、投影、轮廓线等。

拿 UI 设计中最常见的按钮来说，按钮必须符合用户的使用习惯，它的颜色、形状和大小应有助于用户区分哪些是可以单击的按钮，哪些是不可单击的按钮。

以移动设备为例，用户通过点击智能手机或平板电脑的屏幕进行交互。需要注意的是，手指的触摸面积较大，因此设计师必须增加图像、链接和按钮的目标空间大小，以减少用户的误操作。此外，设计师需要提供不同尺寸的按钮或图标，来满足不同设备的显示需要。例如 iPhone、iPad 和 Mac 之间通用的 App，其图标就需要有 1x（1 倍显示）、2x（2 倍显示）甚至 3x（3 倍显示）等多个尺寸，如图 3-3 所示。

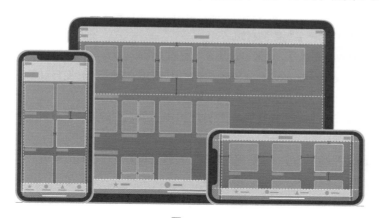

图　3-3

那么，一般的图标应该是多大呢？

以苹果的设备为例，在苹果官网发布的 App Icon Sizes（应用程序图标尺寸）中，具体标准如下。

Device or Context （设备环境）	Icon Size （图标尺寸）
iPhone	60像素×60像素（180像素×180像素 @3x）
	60像素×60像素（120像素×120像素 @2x）
iPad Pro	83.5像素×83.5像素（167像素×167像素 @2x）
iPad、iPad mini	76像素×76像素（152像素×152像素 @2x）
App Store	1024像素×1024像素（1024像素×1024像素 @1x）

不同的图标和按钮也会有不同的大小，这就需要将不同的元素放在整套 UI 设计中进行比较，规划出最合理的方案，如图 3-4 所示。

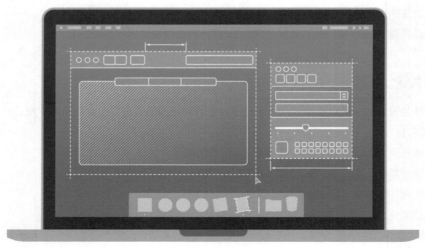

图　3-4

3.2.2　动效设计的规范要求

动效能激发用户的情绪，为静态的视觉设计注入活力与生命力。有趣、奇妙、吸引人的动态，能让你的产品展现出与众不同的魅力。此外，动效有助于提升可用性，通过自然流畅的运动，突显元素在过渡时的关联性与状态变化，增强用户对产品功能的感知。

作为 UI 设计中重要的组成部分，动效设计从 3 个层面发挥影响力。

提高连贯性（Increase Continuity）：让界面元素在用户流程中顺畅地转变与过渡，将用户操作导向期望的任务结果。

连接场景（Connect Scenes）：在转换场景的过程中扮演润滑剂的角色，阐明场景之间的位置、层级与空间的关系。

视觉吸引（Visually Appealing）：聚焦用户视线，将其注意力放在重要的事情上，从而起到传达信息、提高识别度的作用。[1]

动效设计的最大特点就是有"时间"的概念。在日常生活中，常见的时间单位是年、月、日、小时、分钟、秒等，而在动效设计中，常用的时间单位是毫秒。

毫秒是一种较为微小的时间单位，符号为 ms（millisecond 的缩写）。

在常见的单位换算中，1 秒 =1000 毫秒，即 1s=1000ms。

在一个动效的设计中，动画的时间长度应该以用户能注意到又不用等待为标准。

大量的研究发现，一个动效在界面中最优的时间长度是 200 ～ 500ms。这个数字是根据人类大脑的认知水平得出来的。任何小于 100ms 的动画，人类是很难感知到的，而其他大于 1 秒的动画又会让用户觉得有些延迟，不够流畅。

在手机上，谷歌设计规范同样建议动画的持续时间以 200 ～ 300ms 为宜。在平板电脑上，动画的持续时间会增加 30%，为 400 ～ 450ms。原因很简单，在更大的屏幕上，元素变化的位置路径会更长。基于此，在可穿戴设备中，动画的持续时间应缩短 30%，为 150 ～ 200ms，因为在小屏幕上元素变化的位置路径会更短。

---

[1]　腾讯社交用户体验设计团队. 2021-2022设计趋势ISUX报告·动态篇[EB/OL]. (2012-11-23)[2022-05-19].

在网页上又会是另外一种情况。由于用户习惯于在浏览器中快速打开网页，且希望在不同的状态之间能够快速切换。所以，在网页上的动画的持续时间应该要比在手机上的 1/2 还短，为 150 ～ 200ms。一旦超过这个时间区间，用户就会觉得网页不够流畅，或者觉得是不是网络有了问题。不同设备中动画的持续时间如图 3-5 所示。

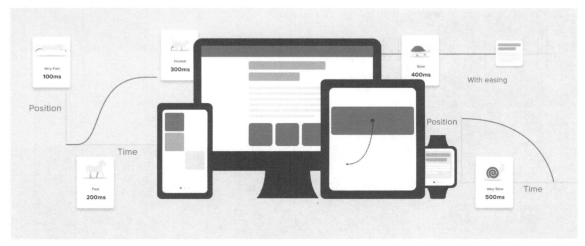

图　3-5

但是，如果是在页面中创建一些装饰性的动画，或者吸引用户注意力的动画，此时就应该抛弃这些规范，其持续时间可以更长一些。

对于项目较多的列表项而言，各项的出现应该只允许有一个短暂的延迟。每一个新列表项的出现间隔应该为 20 ～ 25ms。元素出现得太慢的话，会让用户感到拖沓。

除了时间长度的规范以外，元素的运动速度、出现顺序、运动轨迹等，都是需要在设计之初进行统一规范的。

3.3 示范实例——开关按钮动效

按钮是用户界面中最普遍的交互元素之一，可以让用户能够根据特定的命令从系统获得预期的交互反馈，将被动的浏览变为主动点击交互的状态。

本节讲的就是如何使用 After Effects 制作一个开关按钮的交互动效，效果如图 3-6 所示。

图　3-6

01 新建1080P的合成，设置持续时间为2秒。在合成中新建一个纯色图层，设置为浅灰色，作为底色图层。再使用工具栏中的"圆角矩形工具"，在合成中绘制出一个圆角矩形，打开圆角矩形图层中的"圆度"属性，调大数值，直到圆角矩形变成胶囊形状，如图3-7所示。

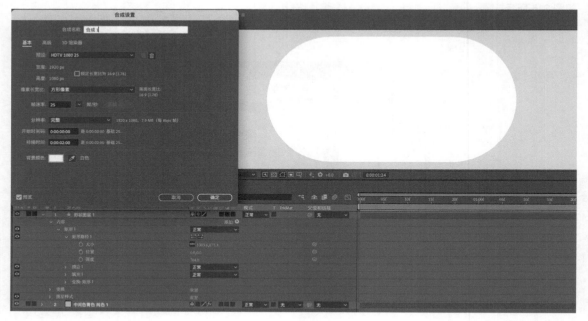

图 3-7

02 使用工具栏中的"椭圆工具"，按住Shift键绘制出一个圆形，设置为蓝色。选中该形状图层，再绘制一个小一点儿的白色圆形，这样这两个形状就能放在一个图层里。再选中该形状图层，使用"钢笔工具"绘制一个白色的小三角形，指向左侧，如图3-8所示。

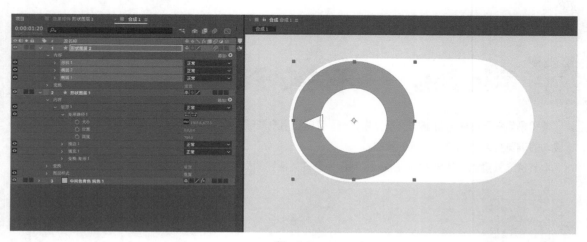

图 3-8

03 选中刚才绘制的形状图层，执行菜单中的"效果"→"透视"→"投影"命令，在"效果控件"面板中，将"阴影颜色"改为蓝色，这样能与按钮颜色相呼应，再调整"柔和度"，使阴影效果柔和一些。然后执行菜单中的"图层"→"图层样式"→"斜面和浮雕"命令，在"效果控件"面板中调整该图层样式的相关参数，使按钮具有立体感，如图3-9所示。

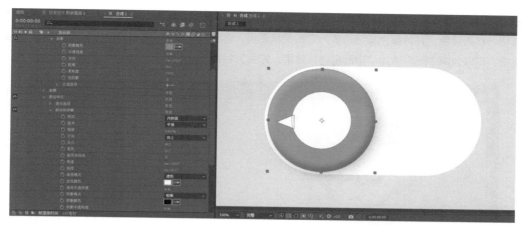

图 3-9

04 选中"形状图层2"图层，按住Shift键，再分别按P和R键，打开"位置"和"旋转"属性，在第5帧处添加关键帧，然后移动时间滑块到第20帧，将蓝色按钮移动到胶囊形状的最右侧，同时让它顺时针旋转180°。将第20帧的两个关键帧选中，按快捷键Command+C（macOS）或Ctrl+C（Windows）复制，再将时间滑块移动到1秒05的位置，按快捷键Command+V（macOS）或Ctrl+V（Windows）粘贴。用同样的方法，再把第5帧的两个关键帧选中，复制粘贴到1秒20的位置。这样就制作完成了蓝色按钮旋转移动到右侧，再从右侧旋转移动回来的动画效果。选中所有的关键帧，按F9键，添加"缓动"效果，如图3-10所示。

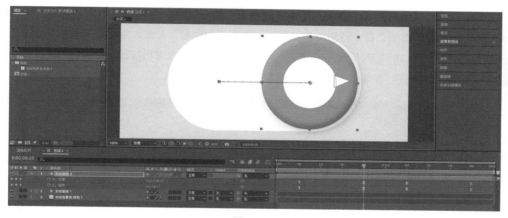

图 3-10

📺 **技术解析**

在菜单的"动画"→"关键帧辅助"中，有"缓入""缓出""缓动"命令，这些是用来控制动画节奏的命令。

如果只是设定关键帧，那么元素的动画是匀速的。但众所周知，在现实世界中，由于受到各种力的影响，绝对的匀速运动是不存在的。

缓入：速度先快后慢。

缓出：速度先慢后快。

缓动：速度先慢后快再慢。

05 把时间滑块移动到时间轴的最左侧，使用工具栏中的"横排文字工具"，输入文字"ON"，将颜色设置为和按钮一样的蓝色，并将蓝色按钮设置为它的父级图层，这样文字就能和按钮一起运动了。为了让运动效果更突出，可以为两个图层添加"运动模糊"效果，如图3-11所示。

图　3-11

06 将按钮和文字图层选中，按快捷键Command+D（macOS）或Ctrl+D（Windows）复制出一个新的图层，这样就不用重新做图形和动画了。选中复制出来的按钮图层，执行菜单中的"效果"→"颜色校正"→"色相/饱和度"命令，在"效果控件"面板中调整"主色相"参数，使按钮由蓝色变成红色。再选中复制出来的文字图层，将"ON"改为"OFF"，并将文字颜色也改为和按钮一样的红色。这时文字应该是倒着的，可以调整文字的"旋转"属性，把文字转正，如图3-12所示。

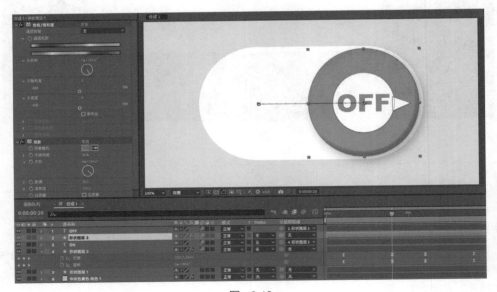

图　3-12

07 将4个图层的"不透明度"属性打开，分别在第10和15帧处添加关键帧，分别调整蓝色按钮和ON文字图层的不透明度数值为100%和0%，红色按钮和OFF文字图层的不透明度数值为0%和100%，这样按钮就能在第10～15帧由蓝色变为红色。将4个图层第15帧的不透明度关键帧复制粘贴到1秒10处，再把它们第10帧的不透明度关键帧复制粘贴到1秒15处，让按钮在回到右侧的过程中由红色变为蓝色，如图3-13所示。

图 3-13

08 执行菜单中的"图层"→"新建"→"空对象"命令［快捷键是Command+Option+Shift+Y（macOS）或Ctrl+Alt+Shift+Y（Windows）］，这时时间轴中会有一个"空1"图层，将它设置为两个按钮图层的父级图层。打开"空1"图层的"缩放"属性，在第5和20帧处添加关键帧，再把时间滑块移动到第12帧处，单击"缩放"属性的锁链图标，取消锁定比例，调整参数为120%和105%。复制这3个关键帧，在1秒05处粘贴，这样按钮在移动的时候就能产生左右拉伸的形变效果，如图3-14所示。

图 3-14

最终完成的文件是素材中的"3.3-开关按钮动效.aep"文件，有需要的读者可以自行打开查看。

3.4 示范实例——点击动效

在 Windows 或 macOS 系统中，鼠标指针是以小箭头的形式出现的。在移动设备中，没有了鼠标这个硬件设备，操作者使用手指来进行点击，这时鼠标指针就不再出现了，但是在界面交互动效设计中，为了展示交互效果，有时会用一个圆形来模拟鼠标指针展示点击的位置。

本节通过制作一段搜索的交互动效，来演示不同点击交互形态的制作方法，效果如图 3-15 所示。

图　3-15

3.4.1 打字动效的制作

打开提供的素材文件"3.4-搜索界面.aep"，这是一个时间长度为 8 秒的标准 1080P 合成，合成中是已经制作好的搜索界面，如图 3-16 所示。

图　3-16

01 使用工具栏中的"横排文字工具"，在搜索栏的位置输入文字"Adobe After Effects"，并调整好字体和大小，如图3-17所示。

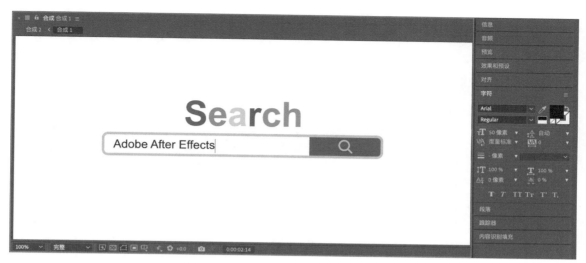

图 3-17

02 将时间滑块移动到13毫秒的位置，打开"效果和预设"面板，依次打开"动画预设"→"Presets"→"Text"→"Animate In"文件夹，双击其中的"打字机"动画预设效果，或者将该效果直接拖到时间轴的文字图层上，为01步输入的文字制作动画效果，按空格键预览，会发现文字出来得太慢了。

选中文字图层，按 U 键，把文字动画的关键帧显示出来，使用"选取工具"，将最右侧的关键帧移动到 1 秒 19 的位置，这样就可以使文字动画从第 13 帧开始，在 1 秒 19 结束，如图3-18所示。

图 3-18

03 使用工具栏中的"矩形工具"，在搜索框的左侧绘制文字光标，并将该图层重命名为"打字光标"，按T键打开该图层的"不透明度"属性。在第6帧、8帧、10帧、12帧、14帧的位置添加关键帧，分别设置不透明度的数值为0%、100%、0%、100%、0%，按空格键预览，会看到光标闪烁了两下后消失、文字随之出现的动画效果，如图3-19所示。

图　3-19

04 选中"打字光标"图层，按快捷键Shift+P，同时打开该图层的"位置"属性，在第14帧的位置添加关键帧，再将时间滑块移动到1秒19，即文字动画结束的位置，将光标移动到文字的最右侧，再添加关键帧。然后把"不透明度"属性前面的关键帧选中，按快捷键Command+C（macOS）或Ctrl+C（Windows）复制，再到1秒19的位置按快捷键Command+V（macOS）或Ctrl+V（Windows）粘贴，按空格键预览，会看到光标闪烁了两下，文字动画开始，文字完全出现后，光标在文字结尾处闪烁，如图3-20所示。

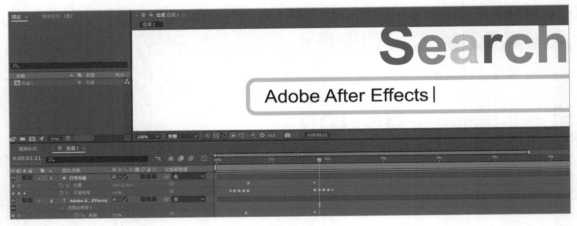

图　3-20

3.4.2　点击动效的制作

01 使用工具栏中的"椭圆工具"，按住Shift键绘制出一个圆形，调整它的颜色为黑色，并单击"填充"按钮，在弹出的"填充选项"面板中，设置不透明度为20%。

　　把该图层重命名为"鼠标指针"，按住 Shift 键，再分别按 P 和 T 键，打开"位置"和"不透明度"属性。分别在第 1 和 6 帧处为"位置"属性添加关键帧，调整鼠标指针的位置，制作它从下方到打字位置的移动动画。再在第 6 和 8 帧处为"不透明度"属性添加关键帧，分别设置参数为 100% 和 0%，这样就制作出了鼠标指针移动到打字位置、然后消失的动画效果，如图3-21 所示。

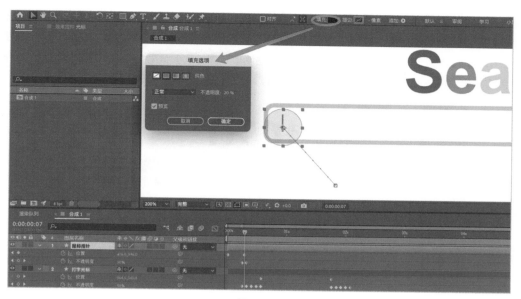

图 3-21

02 在2秒02和2秒04的位置为"鼠标指针"图层的"不透明度"属性设置关键帧,分别设置参数为0%和100%,让文字动画结束以后,鼠标指针重新出现。

在 2 秒 04 和 2 秒 17 的位置给"位置"属性添加关键帧,制作鼠标指针从文字框左侧移动到蓝色按钮处的动画,然后使用"选取工具",在画面中调整两个关键帧位置处的杠杆,使运动路径变成曲线。按空格键预览,会看到文字动画结束后,鼠标指针重新出现并移动到蓝色按钮处,如图 3-22 所示。

图 3-22

王老师的碎碎念

在制作元素长距离移动的动画时,可以把元素的运动路径调整为曲线,这样会使运动效果更有动感,不呆板。

03 制作点击动效。选中"鼠标指针"图层，按快捷键Shift+S，同时打开该图层的"缩放"属性，在2秒17、2秒23、3秒04的位置给"缩放"和"不透明度"属性添加关键帧，分别设置"缩放"属性的参数为100%和100%、80%和80%、100%和100%，"不透明度"属性的参数为100%、0%、100%，制作出鼠标指针缩小消失，再放大出现的动效，如图3-23所示。

图　3-23

04 选中最下面的"形状图层1"图层，这是按钮的形状图层，打开该图层的"颜色"属性，也在2秒17、2秒23、3秒04的位置添加关键帧，并调整2秒23的"颜色"属性为绿色，这样在点击时，按钮的颜色也能相应变化，如图3-24所示。

图　3-24

3.4.3　动效整合

01 执行菜单中的"图层"→"新建"→"空对象"命令［快捷键是Command+Option+Shift+Y（macOS）或Ctrl+Alt+Shift+Y（Windows）］，这时时间轴中会有一个"［空1］"图层，选中除"鼠标指针"图层以外的所有图层，在其"父级和链接"属性的下拉菜单中选择"空1"，这样"［空1］"图层就变成了它们的父级图层，以控制选中的图层的"位置""缩放""旋转"等属性。

　　打开"［空1］"图层的"位置"和"缩放"属性，在3秒01和3秒09处为这两个属性添加关键帧，将除鼠标指针以外的所有元素向上移动并缩小，如图3-25所示。

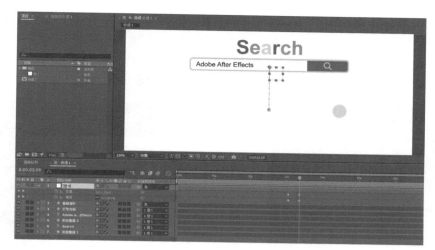

图 3-25

02 使用"横排文字工具"，在搜索栏下方输入搜索结果的相关文字，分别在3秒01和3秒09处设置其"不透明度"关键帧的参数为0%和100%，并在3秒01和3秒19处为文字添加"伸缩进入每行"的入场文字动画预设，如图3-26所示。

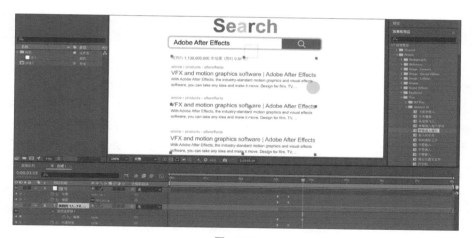

图 3-26

03 把时间滑块移动到3秒09后，就是"［空1］"图层的动画都结束后，再把刚才的搜索结果文字图层的父级设置为"［空1］"图层，如图3-27所示。

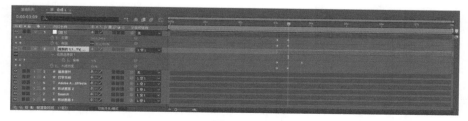

图 3-27

这样就完整地制作了一个输入搜索文字、点击搜索按钮、出现搜索结果的界面交互动效。但是这样还不够，还需要把动效放在交互设备里，制作动效在设备中的演示效果。

04 在"项目"面板中的"合成1"合成上单击鼠标右键，在弹出的浮动菜单中执行"基于所选项新建合成"命令，新建"合成2"合成，将"合成1"合成的内容放在新的"合成2"合成的内容中。导入提供的素材文件"3.4-iPad mini.psd"，并把它拖入"合成2"合成中，放在"合成1"合成的内容的下面。分别调整两个图层的"缩放"属性，让刚才做的搜索界面动效在设备界面中展示出来，如图3-28所示。

图 3-28

05 执行菜单中的"图层"→"新建"→"纯色"命令［快捷键是Command+T（macOS）或Ctrl+T（Windows）］，新建一个纯色图层，并把它放在时间轴的最下层。执行菜单中的"效果"→"生成"→"填充"命令，在"效果控件"面板中，调整"填充"的"颜色"属性为深灰色。

选中"iPad mini"图层，执行菜单中的"效果"→"透视"→"投影"命令，在"效果控件"面板中调整"投影"的参数，让设备的投影柔和一点儿，增强整个画面的立体感。最终效果如图3-29所示。

图 3-29

最终完成的文件是素材中的"3.4-点击动效.aep"文件，有需要的读者可以自行打开查看。

3.5 示范实例——界面切换动效

用户在对移动端的 App 或 PC 端的软件进行操作的时候，经常会有界面切换的情况。如果直接切换界面，会显得很生硬，用户也会对界面的突然变化感到不适应，因此就需要制作过渡动画，来引导一个界面切换到另一个界面，这就是界面切换动效。

本节讲的就是如何制作 3 个界面的切换动效，以及相关文字信息的改变，效果如图 3-30 所示。

图 3-30

3.5.1 界面中的图片切换动效的制作

01 新建一个1080P、持续时间为4秒的合成，再把提供的素材文件"3.5-手机界面.ai"导入进来，因为这个ai文件有两个图层，所以"导入种类"选择"合成"。从"项目"面板中把两个图层拖到时间轴中，将它们的"缩放"属性都调整为66%，使其完整地在画面中显示出来。

新建一个纯色图层，执行菜单中的"效果"→"生成"→"填充"命令，将"颜色"改为黄色，放在时间轴的最下层作为背景色，如图 3-31 所示。

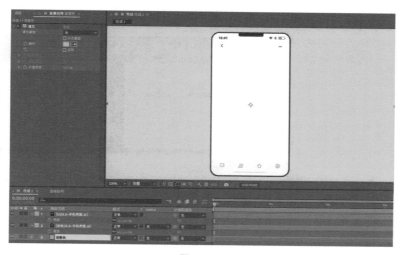

图 3-31

02 把提供的素材文件 "3.5-鞋子图标.ai" 导入进来，因为这个ai文件有3个图层，分别是3种不同的鞋子，所以 "导入种类" 选择 "合成"，再从 "项目" 面板中把3个图层拖到时间轴中，将它们的 "缩放" 属性都调整为40%，在画面中并排放在手机界面的上半部分，如图3-32所示。

图 3-32

> ### 王老师的碎碎念
>
> 有时候想导入 AI 或 PSD 文件的所有图层，但是 After Effects 只能一次导入一个图层，要导入多图层的话就只能将 "导入种类" 设置为 "合成"，再在 After Effects 中打开该合成，把里面的所有图层复制出来。

03 把 "雪地靴" 图层设为 "工装鞋" 图层和 "切尔西靴" 图层的父级图层，这样只需要调整 "雪地靴" 图层就可以带动其他两个图层了。按照图3-33，给 "雪地靴" 图层的 "位置" 属性打上4个关键帧，这样每个鞋子出现在手机界面中的时间长度都是1秒，界面切换动效的时间长度都是0.5秒。

图 3-33

04 在时间轴中选中3个鞋子图层，单击鼠标右键，在弹出来的浮动菜单中执行 "预合成" 命令，在弹出来的 "预合成" 面板中将 "新合成名称" 设置为shoes，这样就把3个图层转成了一个合成，更方便统一对它们进行设置。

在不选中任何图层的情况下，使用工具栏中的 "矩形工具"，沿着手机屏幕的边缘绘制出一个矩形，将它放在"shoes"合成的上层，单击"shoes"图层 TrkMat 属性的下拉按钮，在下拉菜单中选择"Alpha 遮罩形状图层"，将绘制出来的矩形作为"shoes"图层的遮罩，使其在手机屏幕外的部分不显示，这样就制作出了 3 款不同的鞋子逐次在手机屏幕中出现的动效，如图 3-34 所示。

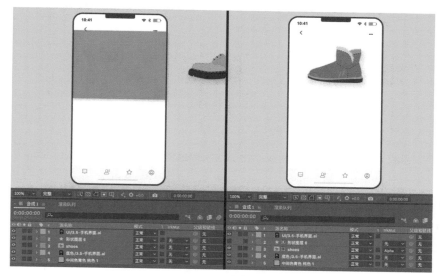

图　3-34

技术解析

遮罩，顾名思义，用于遮挡下面图层中的对象，是一种隐藏或显示图层区域的技术。

在 After Effects 中，可以将图层设置为"遮罩层"，通过"遮罩层"有选择地显示其下方"被遮罩层"的内容。

05 在"shoes"合成中，为每个鞋子图层添加"投影"图层样式，以增加鞋子的立体感，并按照图3-35所示的参数进行设置，使投影有一定的装饰性。

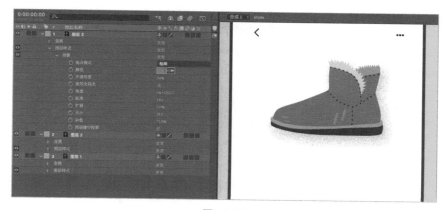

图　3-35

06 在不选中任何图层的情况下，沿着手机屏幕上部绘制图形，并把它放在"shoes"合成的下层，作为鞋子部分的底色，如图3-36所示。

07 使用"矩形工具"在鞋子下方绘制一个细长条，用于制作鞋子图片切换时配合切换的动效，如图3-37所示。

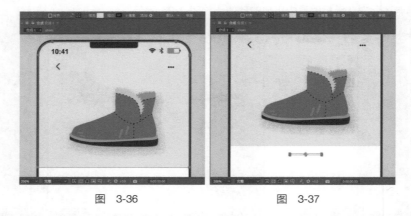

图 3-36　　　　　　　　　　图 3-37

08 选中刚才绘制的两个图形，执行菜单中的"效果"→"生成"→"填充"命令，分别在1秒、1秒13、2秒13、3秒的位置给"颜色"属性添加关键帧，使每款鞋子出现时底色都出现相应的改变，如图3-38所示。

图 3-38

3.5.2 界面中的文本切换动效的制作

01 使用工具栏中的"圆角矩形工具"和"横排文字工具"，制作出"放入购物车"的按钮，如图3-39所示。

02 使用"横排文字工具"，分别输入"¥"和3组数字作为3款鞋子对应的价格，需要注意的是，"¥"和数字都是单独的图层，3组数字要分3行排列，这样方便单独制作动效，如图3-40所示。

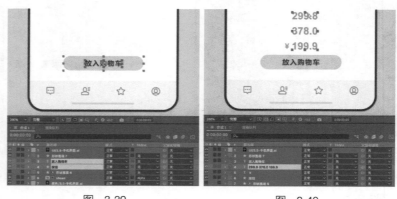

图 3-39　　　　　　　　　　图 3-40

03 在不选中任何图层的情况下，使用"矩形工具"绘制一个能盖住最下面一行价格的矩形，放在价格数字图层的上层。单击价格数字图层TrkMat属性的下拉按钮，在下拉菜单中选择"Alpha遮罩形状图层"，这样就能只显示最下面一行的价格了，如图3-41所示。

图 3-41

04 打开价格数字图层的"位置"属性，分别在1秒04到1秒11，以及2秒16到2秒22之间，向下移动一行数字，让鞋子图片切换的时候，价格也随之进行变化，如图3-42所示。

图 3-42

05 使用"横排文字工具"，将3款鞋子的介绍文字分别输入3个图层。其中鞋子名称的字体可以大一些，以更突出和醒目，如图3-43所示。

图 3-43

06 调整3个文字图层的"不透明度"属性，让图片切换的时候，介绍文字也随之发生改变，如图3-44所示。

图 3-44

3.5.3 背景动效的制作

本小节要给手机界面后面的黄色背景制作动效，让整个画面都动起来。

01 使用"钢笔工具"，在不选择任何图层的情况下，绘制一个较大的波浪形状，设置颜色为白色，"不透明度"为36%，并放在黄色背景层的上层，如图3-45所示。

图 3-45

02 打开该图层的"路径"属性，在时间轴的起始处和结束处都先添加关键帧，再把时间滑块移动到时间轴的中间位置，使用"选取工具"调整波浪形状，把波峰调整为波谷，把波谷调整为波峰，在时间轴上移动时间滑块，就会看到背景有波浪的动效了，最终效果如图3-46所示。

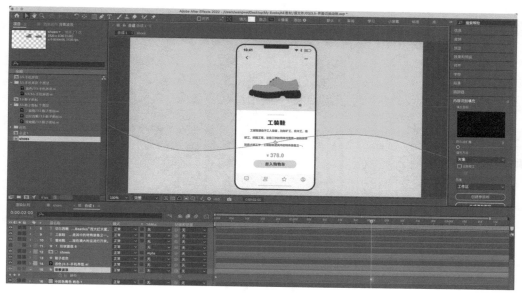

图　3-46

最终完成的文件是素材中的"3.5- 界面切换动效 .aep"文件，有需要的读者可以自行打开查看。

✏️ **本章小结**

　　本章讲解了在 After Effects 中制作界面交互动效的方法。其实按照正规流程，设计师前期要在 Photoshop、Illustrator、Sketch 或者 Axure 等软件中，先把 UI 设计并制作出来，再分层导入 After Effects 中进行动效的制作。因此在制作前，设计师需要先构思好动效的具体效果，再根据实际需要对设计稿进行图层的划分。

　　在 After Effects 中，动效的制作一定要结合相应的硬件设备，例如移动端和 PC 端的设备就需要用专门的界面去模拟，不同型号的同类设备也需要根据实际的型号去进行动效的制作。例如同样都是 iPhone 手机，iPhone mini 和 iPhone Pro Max 的界面大小是不一样的。

🎯 **练习题**

　　1. 尝试设计一个开关动效并制作出来，时长控制在 4 秒以内。

　　2. 尝试制作一段移动端音乐播放器切换歌曲的动效，相应的图片、文本以及辅助图形的动效要相互呼应。

4

动态信息
设计

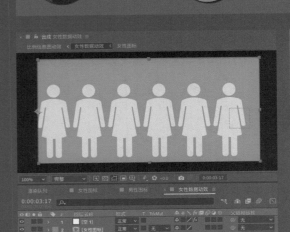

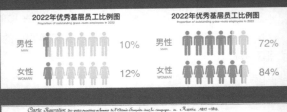

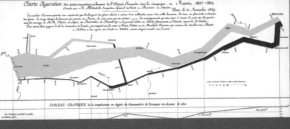

4.1 什么是信息设计

随着信息时代的到来，人们获取信息的渠道越来越多样化，人们接收了大量有用或无用的信息，信息超载的问题也愈发严重。

如何有效地传播信息呢？这就需要专业的信息设计，将信息整理和简化，并对有效信息进行突出甚至比较，让受众可以清晰方便地阅读和提取所需要的内容。

信息设计（Information Design）是人们对信息进行视图化处理的方式和实践。信息的内容包括数据、声音、图像、影像等，这些信息都可以从设计的角度进行重新整理和呈现。信息设计的应用非常广泛，包括但不限于财务信息、行政信息（各类表格）、医疗信息、药品信息、食品信息、健康信息、使用手册、技术手册、旅游信息、导向信息等。

信息设计早在 19 世纪就已经出现，1861 年，查尔斯·约瑟夫·米纳德（Charles Joseph Minard）绘制了拿破仑于 1812 年东征莫斯科的信息图（The map of Napoleon's Russian campaign）。图上线条的宽度代表士兵总数，颜色代表移动方向（黄色表示进军莫斯科的方向，黑色表示回程的方向），在下方还绘制了一张简单的温度曲线图，用来展示寒冬气温骤降的情况，如图 4-1 所示。这个图的独特之处在于它用了 6 种类型的数据进行展示和对比：拿破仑军队的数量、距离、温度、经纬度、移动方向，以及相对于具体日期的位置。

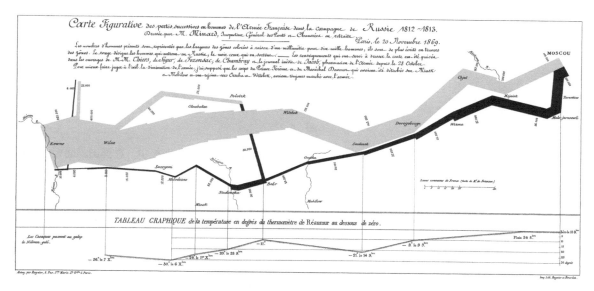

图 4-1

到了 20 世纪 70 年代，已经有很多设计师开始使用"信息设计"这一术语，1979 年《Information Design Journal》杂志创刊后，就更确定了"信息设计"一词在学术界的地位。

以图像或影像的形式呈现出来的信息设计，一般有以下几个主要组成部分。

数据（Data）：是指来自定量统计、时间顺序事件、空间关系或信息分类的内容与数据。

知识（Knowledge）：是指需要使用数据传达给用户的整体信息或故事。

视觉效果（Visuals）：包括颜色、形状和符号等，通过这些元素来传达信息。

声音（Sound）：主要用于动态影像的形式，配合画面的展示效果来使用。

4.2 示范实例——动态海报

海报是极为常见的一种招贴形式，多用于宣传电影、戏剧、比赛、文艺演出等活动。海报中通常要写清楚活动的性质、主办单位、时间、地点等内容。

传统的海报多是印刷的，因此是静态的。随着媒介和传播技术越来越多样化，人们在不同场景下可以轻而易举地看到动态的视觉内容。人们在手机屏幕、电梯间的屏幕、大楼里的电子屏、广场上的大屏幕等上都可以看到各种各样精彩的动图、视频。人们在生活中接触到的传统平面媒介逐渐变成了一个个数字化的、可以展示动态图像的媒介。因此，动态海报应运而生。

海报中传达的最重要的信息就是活动的主题，为了强调主题，就需要让其动起来，吸引观众的注意力，更好地将信息传递出去。

本节讲的就是如何使用 After Effects 制作一幅主题为"信息设计展"的动态海报，效果如图 4-2 所示。

图 4-2

01 将提供的素材文件"4.2-设计展海报.psd"导入After Effects的"项目"面板中，在弹出的面板中，将"导入种类"设置为"合成"，如图4-3所示。这是一个有多个图层的Photoshop源文件，分层导入可以对其中最重要的主题部分进行单独制作。

图 4-3

有时候 PSD 文件导入 After Effects 中时，不会弹出设置"导入种类"的面板，而是会直接将所有图层合并，以一个单独的文件导入。这可能是因为该 PSD 文件的色彩模式是 After Effects 不支持的。

很多海报在 Photoshop 中进行设计制作的时候，因为考虑到要打印，所以设置的色彩模式都是"CMYK 颜色"。但是动态海报是在电子屏幕上播出的，因此色彩模式需要是"RGB 颜色"。

所以如果需要把 PSD 或者 AI 文件以"合成"的导入种类导入 After Effects，都要提前把其色彩模式改为"RGB 颜色"。

在 Photoshop 中，可以执行菜单中的"图像"→"模式"→"RGB 颜色"命令；在 Illustrator 中，可以执行菜单中的"文件"→"文档颜色模式"→"RGB 颜色"命令。

02 将提供的素材文件"4.2-流体贴图.mp4"导入After Effects的"项目"面板中，并将其拖曳到时间轴中，这是一个流动的水波涟漪视频素材，用于给海报增加动态，如图4-4所示。

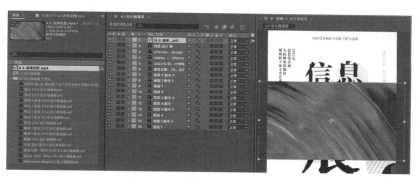

图 　4-4

一张海报上的信息很多，如果全都动起来会显得很乱，因此只需要让最重要的信息内容动起来，其他的静止不动，这样就能突出主题，准确传达信息。

03 选中"信息设计展"图层，这是整张海报的主题，执行菜单中的"效果"→"扭曲"→"CC Blobbylize"命令，在"效果控件"面板中，在"Blob Layer"属性后面的下拉菜单中选择"4.2-流体贴图.mp4"，并在时间轴中单击"4.2-流体贴图.mp4"图层前面的小眼睛图标，把该图层隐藏，这时按空格键预览，就会发现"信息设计展"几个字已经开始像水波涟漪那样动起来了，如图4-5所示。

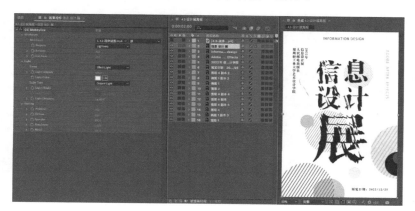

图 　4-5

04 此时文字的扭曲有点太过度了，会让观众看不清楚文字的具体内容。在"效果控件"面板中把"Cut Away"参数调低，这样文字的扭曲就会小一些，再把"Softness"参数调高，让扭曲的效果柔和一点儿，如图4-6所示。

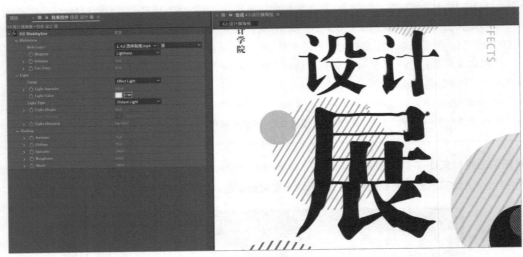

图 4-6

一般来说，动态海报需要根据不同的使用情况来导出不同的格式，例如网页、微信公众号、微博等就需要使用"动画 GIF"格式，而微信朋友圈、大屏幕等就需要使用"MP4"的视频格式。

海报的设计稿一般占用内存都比较大，可以在导出的时候将其宽度和高度数值调低，例如设置为1080P，这样更方便观看，也能减小输出文件的大小，更有利于网络传播。

05 导出"动画GIF"格式的文件需要执行菜单中的"合成"→"添加到Adobe Media Encoder队列"命令，这时会打开Adobe Media Encoder，单击最左侧的下拉按钮，设置为"动画GIF"格式，再单击第二个下拉按钮，会弹出"导出设置"面板，调整"视频"属性下的宽度、高度、帧速率，使导出的GIF格式的文件适合网络发布，单击"确定"按钮，再单击Adobe Media Encoder绿色的播放按钮就可以输出了，如图4-7所示。

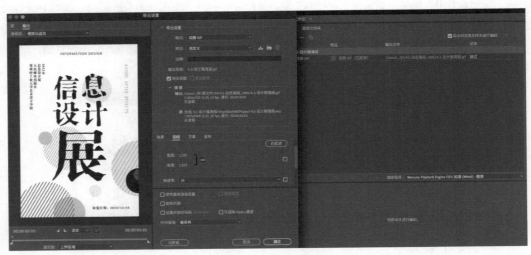

图 4-7

最终完成的文件是素材中的"4.2- 动态海报 .aep"文件，有需要的读者可以打开查看。

4.3 示范实例——饼图动效

在进行数据比较的时候，饼图、柱形图、折线图等都是常用的图表形式。在设计饼图时，有以下几点需要注意。

1. 一个饼图内最多只能有 5 个项目，太多会降低数据可视化的效果，还会影响内容的可读性。

2. 饼图内所有数据之和必须是 100%。

3. 各项目按逻辑顺序排列，12 点钟方向放置最大的部分，并沿着顺时针方向按从大到小的顺序放置剩余的部分。

本节讲的就是如何使用 After Effects 制作饼图动效，效果如图 4-8 所示。

图 4-8

4.3.1 饼图动效的制作

01 新建一个标准1080P、持续时间为4秒的合成，命名为"饼图动效"。使用工具栏中的"椭圆工具"，按住Shift键绘制一个圆形。在"对齐"面板中，分别单击"水平对齐"和"垂直对齐"，使其处于画面的正中心。执行菜单中的"图层"→"变换"→"在图层内容中居中放置锚点"命令，将其锚点放在圆形的中心，如图4-9所示。

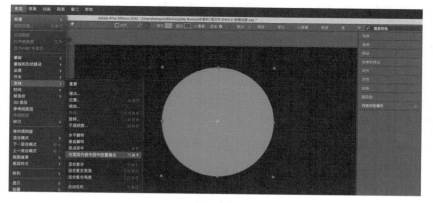

图 4-9

02 选中该图层，执行菜单中的"效果"→"过渡"→"径向擦除"命令，将"擦除"属性设置为"逆时针"，在第14帧处为"过渡完成"属性添加关键帧，设置参数为100%，在2秒04处设置其参数为45%，播放会看到饼图由无到有的动效，如图4-10所示。

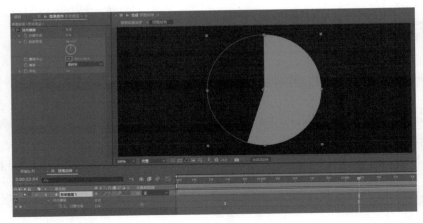

图　4-10

03 按照同样的方法制作饼图中第二个类别的动效。需要注意的是，要调整"径向擦除"命令的"起始角度"属性，将饼图中相邻的两个类别贴在一起。也可以执行菜单中的"效果"→"过渡"→"百叶窗"命令，给饼图增加斜纹的纹理效果，如图4-11所示。

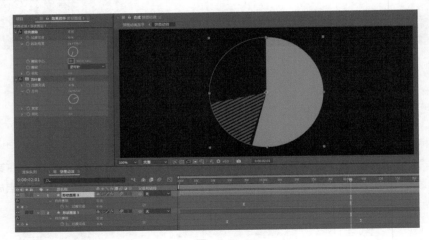

图　4-11

04 将饼图中其他类别的动效制作完成。在制作中，可以将之前做好的图层复制，修改颜色、径向擦除等相关参数，这样可以节省制作时间，如图4-12所示。

王老师的碎碎念

　　在饼图的设计和制作中，颜色的搭配是很让人头疼的事情。饼图中不同项目的颜色、底色、背景色、文字颜色等涉及多种不同颜色的组合，它们放在一起不仅要不显乱，还要协调统一甚至体现高级感，这是一项很费脑的工作，很多没有美术基础的人往往折腾很久也做不出好的效果。

　　在这里就给大家推荐几个配色的网站，上面有成系列的搭配好的颜色，使用的时候用"吸管工具"直接吸取颜色就可以了。

1. Coolors。
2. Adobe Color。

3. Material Palette。
4. New Flat UI Color Picker。
5. Flat UI Colors。

05 在中间绘制一个圆形，执行"径向擦除"命令，并在第0到16帧的位置调整"起始角度"参数，制作从无到有的动效，如图4-13所示。

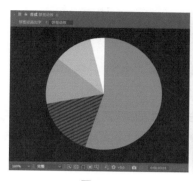
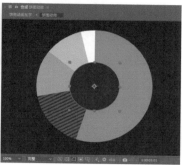

图　4-12　　　　　　　　　　　图　4-13

06 执行菜单中的"图层"→"新建"→"空对象"命令〔快捷键是Command+Option+Shift+Y（macOS）或Ctrl+Alt+Shift+Y（Windows）〕，这时时间轴中会出现"空1"图层，将其设置为所有图层的父级图层，打开它的"缩放"属性，在第0帧设置参数为230%和230%，在第17帧设置参数为80%和80%，制作整个饼图从大到小的出场动效。整个饼图的关键帧设置如图4-14所示。

图　4-14

4.3.2　饼图文字动效的制作

说明文字是饼图的重要组成部分，用以配合饼图突出具体的项目名称和数字。这些内容可以放在饼图内部，也可以放在饼图旁边。但需要注意的是，说明文字的颜色一定要和饼图中各项目的颜色相对应，让观众能够明确相关的文字说明的是饼图中的哪一项。

01 在"项目"面板中，在"饼图动效"合成上单击鼠标右键，在弹出的浮动菜单中执行"基于所选项新建合成"命令，将新合成命名为"饼图动效加字"。

在新合成中执行菜单中的"图层"→"新建"→"纯色"命令〔快捷键是 Command+Y（macOS）或Ctrl+Y（Windows）〕，并执行菜单中的"效果"→"生成"→"填充"命令，设置颜色为深灰色。

　　打开"饼图动效"图层的"位置"属性，在第0到17帧制作该图层向左侧移动的动画，留出右侧的空间来放置文字部分，如图4-15所示。

图 4-15

02 使用工具栏中的"横排文字工具"，在画面右上方输入饼图的标题文字，设置好文字大小和颜色后，在第18帧的位置添加"子弹头列车"的文字动画预设，并在时间轴上设置动画结束的位置为1秒07，如图4-16所示。

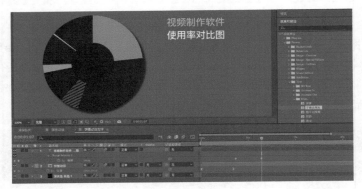

图 4-16

03 使用"椭圆工具"在标题文字下绘制小的圆形，并为其设置饼图上对应的颜色。再使用"横排文字工具"在小的圆形旁边输入对应的项目名称和百分比，将形状图层设置为它们的父级图层，并设置父级图层的"位置"属性，让它们由右向左进入画面，如图4-17所示。

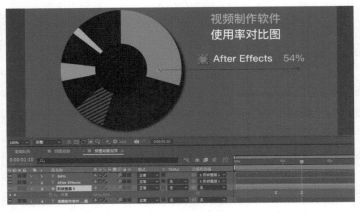

图 4-17

04 按照同样的方法，将其他几项的文字内容制作出来。需要注意的是，不要让这5项文字内容一起出现，让它们相互间隔一点儿时间，依次出现效果会更好。添加"运动模糊"效果，让文字的动感更加强。最终效果如图4-18所示。

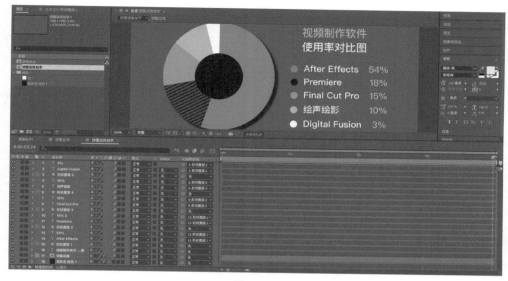

图 4-18

最终完成的文件是素材中的"4.3-饼图动效 .aep"文件，有需要的读者可以自行打开查看。

4.4 示范实例——柱形图动效

柱形图在数据可视化方面非常有用，通常用于显示数据随时间的变化或比较不同类别的数据。柱形图可以是纵向的，也可以是横向的。纵向柱形图最适合展示按照时间顺序进行排列的数据，横向柱形图则通常用于对数据进行排名。

本节讲的就是如何使用 After Effects 制作纵向柱形图动效，效果如图 4-19 所示。

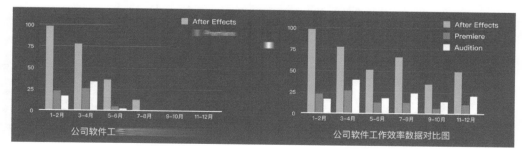

图 4-19

01 使用工具栏中的"矩形工具"，绘制出一个长条矩形。按Y键切换到"向后平移（锚点）工具"，勾选工具栏右侧的"对齐"属性，这样可以令锚点附着在物体边缘，将矩形的锚点放在它底部的中心位置，如图4-20所示。

02 在时间轴上打开矩形图层的"缩放"属性，单击数值前面的锁链图标，取消锁定比例，在第1帧处添加关键帧，调整数值为100%和0%，再在第1秒处添加关键帧，调整数值为100%和100%，按空格键，就会看到矩形从底部向上进入画面，如图4-21所示。

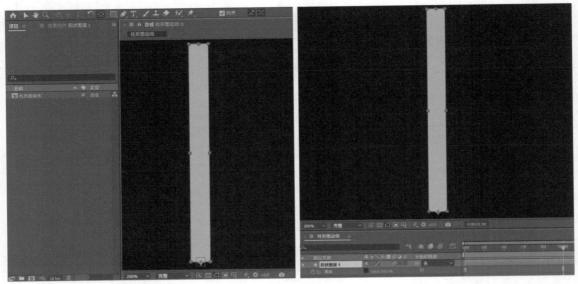

图　4-20　　　　　　　　　　　　　　　　　图　4-21

03 复制出多个矩形图层，调整"缩放"参数和颜色，并将长条矩形依次向右侧移动一些，制作出柱形图的静态效果。各个长条矩形的时间轴的开始位置依次错开3帧左右的时间长度，这样在播放动画的时候，各个长条矩形就可以有节奏地逐一显示出来，如图4-22所示。

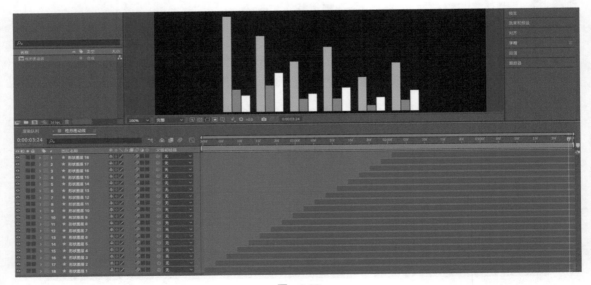

图　4-22

04 绘制横向的矩形，设置颜色为浅灰色，将锚点设置在横向矩形的最左侧，打开"缩放"属性，制作横向矩形由左向右出现的动画，时长控制在10帧左右。多复制几个横向矩形，调整相关参数，放在柱形图的上层，如图4-23所示。

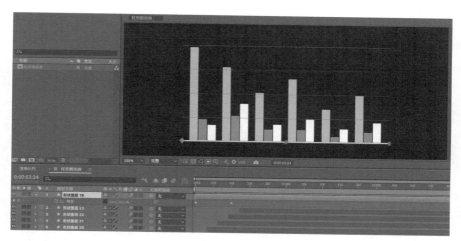

图 4-23

05 使用"横排文字工具",为柱形图添加相关的项目说明文字,如图4-24所示。

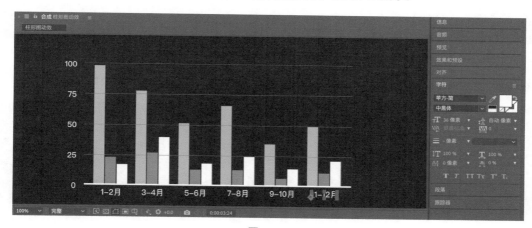

图 4-24

06 在"项目"面板中,在"柱形图动效"合成上单击鼠标右键,在弹出的浮动菜单中执行"基于所选项新建合成"命令,将新合成命名为"柱形图动效加字"。

新建纯色图层,设置颜色为深灰色,放在时间轴最下层作为背景色,如图 4-25 所示。

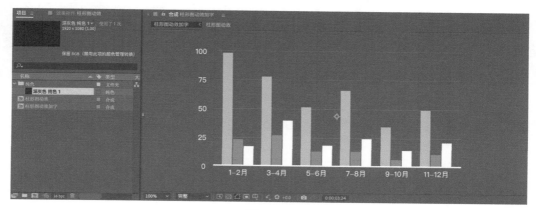

图 4-25

07 在画面右上角绘制小的矩形，并为其设置柱形图上对应的颜色。再使用"横排文字工具"在小的矩形旁边输入对应的项目名称，让它们由右向左进入画面，如图4-26所示。

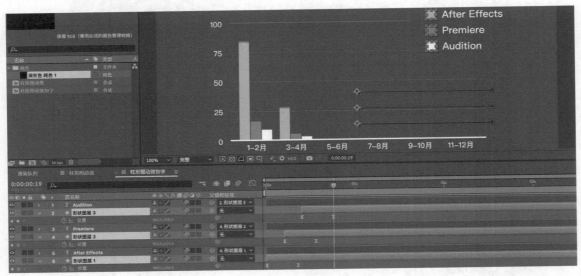

图 4-26

08 在画面下方输入柱形图的标题，并添加"子弹头列车"的文字动画预设，最终效果如图4-27所示。

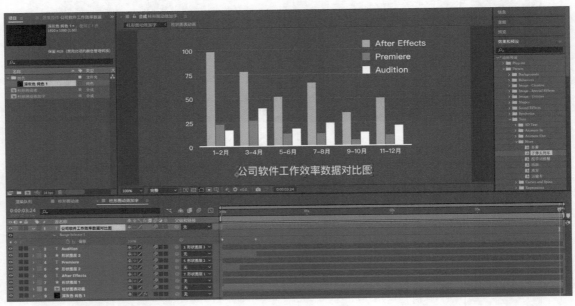

图 4-27

最终完成的文件是素材中的"4.4-柱形图动效 .aep"文件，有需要的读者可以自行打开查看。

4.5 示范实例——比例信息图动效

在前面的实例中，所有的数据都是预先设置好的。如果在文件制作完成以后，客户需要修改其中的数据，那么图形、文字、动效等都是需要重新制作的。

有没有一种方法，可以让图形、文字、动效随着数据的改变而发生相应的改变呢？这就需要使用到 After Effects 中的表达式了。

本节讲的就是如何使用 After Effects 中的表达式来控制画面中相应的元素和动效，效果如图4-28所示。

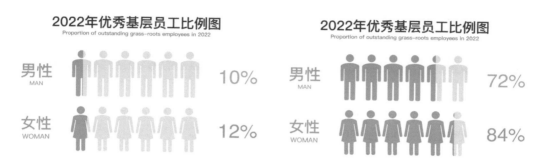

图　4-28

4.5.1 基本素材动效的制作

01 新建一个1080P、持续时间为5秒的合成，命名为"女性图标"。导入素材文件"4.5-男女图标.ai"中的两个图层，分别是女性图标和男性图标。将女性图标放入时间轴中，选中它并按Y键切换到"向后平移（锚点）工具"，勾选工具栏右侧的"对齐"属性，将锚点放在底部的中心位置，如图4-29所示。

02 打开女性图标的"缩放"属性，在第1帧处添加关键帧，设置"缩放"参数为0%和0%，在第10帧处修改"缩放"参数为44%和44%，制作出图标由下往上出现的动效，如图4-30所示。

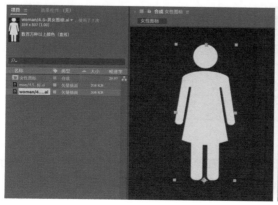

图　4-29

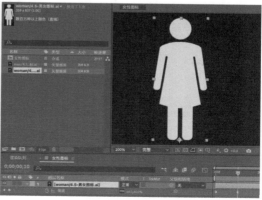

图　4-30

03 多次复制该图层，将它们横向并排排列，并将其时间轴的开始位置依次向后移动几帧，按空格键预览动画，会看到多个女性图标依次出现的动效，如图4-31所示。

图 4-31

接着制作男性图标的动效，因为它和女性图标的动效是一样的，如果重新制作一遍就太浪费时间了，所以可以复制女性图标的动效，将里面的图标替换为男性图标就可以了。

04 在"项目"面板中选中"女性图标"合成，按快捷键Command+D（macOS）或Ctrl+D（Windows），将复制出来的合成命名为"男性图标"。进入"男性图标"合成，选中所有图层，再在"项目"面板中选中导入的男性图标，按住Option键（macOS）或Alt键（Windows），将其拖到时间轴的任意图层上，就可以将该图层替换掉，按空格键预览，就会看到男性图标的动效做好了，如图4-32所示。

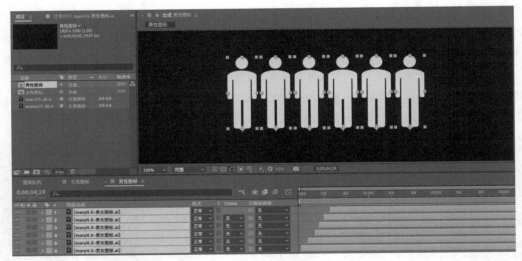

图 4-32

05 在"项目"面板中，在"女性图标"合成上单击鼠标右键，在弹出的浮动菜单中选择"基于所选项新建合成"命令，将新合成命名为"女性数据动效"，在时间轴中把女性图标图层整体向左侧移动一些，为右侧的文字数据留出空间，如图4-33所示。

06 使用"横排文字工具"输入"70%"的文字，并调整颜色和大小，放在画面右侧。打开文字图层的"缩放"属性，在女性图标的动效结束后，制作"缩放"参数由0%到100%的动效，使文字在图标动效结束后出现，如图4-34所示。

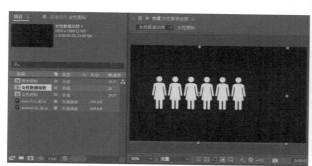

图 4-33

图 4-34

 王老师的碎碎念

06 步中的文字内容会在接下来的操作中由表达式直接生成，所以此处的文字只是起到参考的作用，看大小和位置是否合适。

4.5.2 After Effects中表达式的应用

01 执行菜单中的"图层"→"新建"→"空对象"命令［快捷键是Command+Option+Shift+Y（macOS）或Ctrl+Alt+Shift+Y（Windows）］，在时间轴中选中"［空1］"图层，执行菜单中的"效果"→"表达式控制"→"滑块控制"命令，在"效果控件"面板中打开该效果的"滑块"属性，在第1秒处添加关键帧，设置"滑块"参数为0.00，在第3秒处设置"滑块"参数为84.00，如图4-35所示。

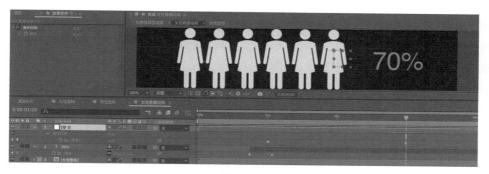

图 4-35

 技术解析

表达式是 After Effects 内部基于 JavaScript 编程语言开发的编辑工具。

有时候直接制作一段复杂的动画需要手动创建数十乃至数百个关键帧，而如果这些关键帧有一定规律，就可以尝试使用表达式。表达式是一小段代码，与脚本非常相似，可以将其插入 After Effects 的项目、合成、图层中，以便在特定时间点为单个图层属性计算数值。

> 　　表达式会告诉属性执行某种操作，可以实现动画的自动化操作（例如摆动、抖动或跳动等）、链接不同的属性（例如跨合成的旋转、位置、缩放等）。
>
> 　　其实 After Effects 中的表达式并不复杂，它比使用 JavaScript 编程语言要简单很多，只需要了解表达式的基本规则和常用表命令，基本上就可以解决工作中遇到的问题。

02 逐一单击文字图层前面的单箭头按钮，让"源文本"属性显示出来。然后选中"［空1］"图层，在"效果控制"面板中使其"滑块"属性显示出来。将"源文本"属性后面的螺旋按钮（属性关联器）拖到"滑块"属性上，就会看到，时间轴中"源文本"属性的右侧多出了一行表达式文本"thisComp.layer（'空1'）.effect（'滑块控制'）（'滑块'）"，意思就是"本合成中'空1'图层的效果'滑块控制'的属性'滑块'的数值"，也就是将两个属性的数值关联在了一起。此时画面中，之前的"70%"也变成了"滑块"属性的数值，即84，如图4-36所示。

图　4-36

　　但是拖曳时间轴会发现，起始帧和结束帧对应的"滑块"属性的数值都是整数，中间的都是保留小数点后两位的数值。如果希望全都是整数，就需要添加表达式命令。

　　将刚才添加的表达式删除。如果只有一两步，可以按快捷键Command+Z（macOS）或Ctrl+Z（Windows），将刚才的操作撤销，但是如果步骤过多，就需要将表达式整体删除。单击时间轴中表达式的文本，就可以将它全部选中，按 Delete 键就可以把它删除，如图 4-37 所示。

图　4-37

03 按住Option键（macOS）或Alt键（Windows），单击"时间轴"中"源文本"属性左侧的秒表按钮，这时该属性会自动添加空的表达式，其右侧也会出现两个按钮，即螺旋状的"表达式关联器"和播放按钮状的"表达式语言菜单"。单击"表达式语言菜单"按钮，在弹出的浮动菜单中执行"JavaScript Math"→"Math.round(value)"命令，如图4-38所示。

图　4-38

04 这时"源文本"属性会被添加上"Math.round(value)"的表达式，单击这段文本，并单独选中"value"这个词。然后选中"［空1］"图层，在"效果控件"面板中使其"滑块"属性显示出来。将"源文本"属性后面螺旋状的"表达式关联器"按钮拖到"滑块"属性上，如图4-39所示。

　　现在"源文本"属性的表达式文本是"Math.round(thisComp.layer（"空 1"）.effect（"滑块控制"）（"滑块"））"，按空格键预览，就会看到数字由 0 到 84 变化的动效，如图 4-40 所示。

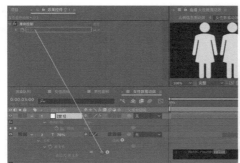

图　4-39　　　　　　　　　　　　　　　　图　4-40

05 但是现在只有数值，需要在数值后面加上百分号。单击表达式文本，在整段表达式后面输入"+"%""，就是在数值后面添加"%"的意思，这样画面中的数值就会变成百分比了，如图4-41所示。

图　4-41

06 复制"女性图标"图层，使用"矩形工具"沿着画面中女性图标的左右两侧绘制矩形，把全部女性图标覆盖住，如图4-42所示。

07 把矩形的锚点移动到最左侧的中间位置，在时间轴中单击矩形图层TrkMat属性下面的下拉按钮，选择"Alpha遮罩女性图标"，这样就把女性图标变成了粉红色，如图4-43所示。

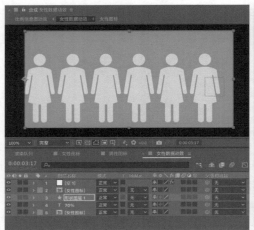
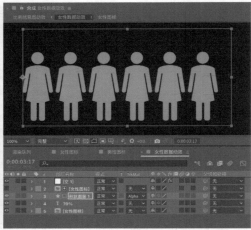

图 4-42   图 4-43

08 打开矩形图层的"缩放"属性，再选中"［空1］"图层，在"效果控件"面板中使其"滑块"属性显示出来。将"缩放"属性与"滑块"属性关联，按空格键预览，会看到矩形随着"滑块"属性数值的变化而变大，如图4-44所示。

09 但是矩形现在是整体缩放的，单击表达式文本，将"temp,temp"改为"temp,100"，再预览，会看到矩形只进行横向缩放了，如图4-45所示。

图 4-44   图 4-45

    这样所有的动效就都被整合到"［空1］"图层的"滑块"属性上了，如果数据发生变化，只需要调整"滑块"属性的数值，整体的动效就会进行相应的改变。

10 在"项目"面板中，把"女性数据动效"合成复制一份，重命名为"男性数据动效"，双击进入该合成，按住Shift键先后选中时间轴中的两个"女性数据动效"图层和"项目"面板中的"男性数据动效"合成，按住Option键（macOS）或Alt键（Windows），将"男性数据动效"合成拖到时间轴中的任意一个"女性

数据动效"图层上。再将"［空1］"图层上的"滑块"属性的数值改为0到72，这样就完成了男性图标的
动效制作，如图4-46所示。

图 4-46

4.5.3 动效整合与文本动画

01 新建一个1080P的合成，设置"持续时间"为5秒，将"项目"面板中的"男性数据动效"和"女性数据动效"合成拖到时间轴中。调整"缩放"和"位置"参数，使它们上下排列在画面中心靠右下的位置，为将要制作的上部和左边的文字部分留出空间。

新建纯色图层，并执行菜单中的"效果"→"生成"→"填充"命令，设置"颜色"为白色，放在时间轴最下层作为背景色，如图4-47 所示。

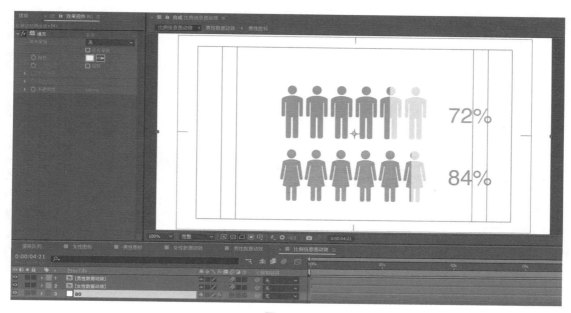

图 4-47

02 使用工具栏中的"横排文字工具"，分别输入比例图的中、英文标题，打开它们的"位置"属性，制作标题由上往下进入画面的动效，如图4-48所示。

图　4-48

03 使用工具栏中的"横排文字工具"，分别输入比例图项目的文字内容，并放在画面的左侧，与图标相对应。在"效果和预设"面板中，分别为它们添加"动画预设"→"Presets"→"Text"→"3D Text"→"3D 向上翻转反射"，并在时间轴上调整动效在1秒处结束，按空格键预览，就会看到文字一个一个地弹跳出来，最终效果如图4-49所示。

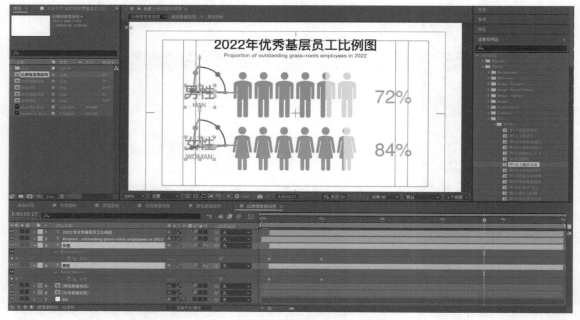

图　4-49

最终完成的文件是素材中的"4.5-比例信息图动效 .aep"文件，有需要的读者可以自行打开查看。

本章小结

本章介绍了在 After Effects 中进行动态信息设计的方法。这种元素单一、简单的画面对动效的要求其实是很高的，需要满足以下两点。

1. 动效要丰富，这样才能让简单的画面看起来不那么单调。

2. 动效不能太复杂，否则会使观众的注意力分散，使观众不能快速有效地读取到画面中的相关信息。

这两个要求看起来相互矛盾，实际上需要取得平衡，找到那个既丰富又不复杂的点，才能做出优秀的动效设计。

练习题

1. 找到一个简单的图表，尝试为它制作动效。

2. 找到一个有男女比例数据的新闻，并为该数据制作相关的动效，再尝试使用 After Effects 表达式关联所有的动效。

5

标志动画
设计

5.1 标志动画的要求

标志（Logo）是一种视觉标识，是企业、组织、个人等用于识别的一种图像、符号或象征物，能够起到对标志拥有者的识别和推广作用。形象的标志可以让用户加深记忆，并留下深刻的印象。

随着多媒体技术的发展，互联网与各类智能移动设备的广泛普及，数字媒体得以迅速发展，高分辨率的LED 显示屏、家庭影院、数字云电视、大屏手机等已经成为现代人生活中不可或缺的部分。数字化的视听享受使人们对于视觉、听觉及其他感官感受的需求不断提高，而传达静态信息的传统平面媒介已经很难满足新形势下标志设计的表达需要与受众需求，为顺应时代新发展和受众审美情趣新变化，传统标志设计与动态媒体技术相结合的标志动画应运而生。

标志动画就是在构成静态标志的二维或三维图形元素基础上增加时间维度，并让其产生运动变化而形成的一种表现形式，是动画技术与图形语言的完美结合。但标志动画的基础依旧是静态标志，两者是相伴相生的有机整体，没有静就没有动，因此标志动画是其自身运动过程和静止结果的统一。

标志动画由于包含信息更为丰富，表现形式更加真实生动，近年来在各类媒体中的应用也越来越多，并呈现出"多彩、多维、多元"的发展趋势。[①]

在制作标志动画之前，需要客户提供标志的矢量文件，如果客户无法提供，就需要制作人员把标志用矢量软件绘制一遍。

在计算机领域，图像一般分为两种，即位图和矢量图。这是两种完全不同的图像格式。

矢量图是使用直线和曲线来描述的图像类型，这些图形的元素包括点、线、矩形、多边形、圆和弧线等，最关键的是它们都是通过几何特性和数学公式来存储和创建的，如图 5-1 所示。

矢量图通常都是由色块组成的，最大的优点是不受分辨率的影响，可以无限放大并且不会丢失任何细节。因此，矢量图的文件也相对较小。

After Effects 可以支持基于矢量格式的文件，如 AI、PDF、EPS 等格式的文件。

与矢量图相对应的是位图，它是由一个一个的点组成的，这些点被统称为像素。

在使用计算机的时候，我们经常会和像素打交道，例如在设置显示器的屏幕分辨率时，会设置为1920×1080 或 1440×900，这些数值后面的单位就是像素。

一个一个的像素组成了一张位图，例如一张图片的大小为 800 像素 ×600 像素，那么这张图的宽度是800 像素、高度是 600 像素。基于这个原因，当放大位图时，可以看见构成整个图像的无数单个方块，这就是像素。扩大位图尺寸的结果是增大单个像素，从而使线条和形状显得参差不齐。例如，一张 800 像素 ×600 像素的位图，如果被拉大到 2400 像素 ×1800 像素，就会出现大量的马赛克，如图 5-2 所示。

图 5-1　　　　　　　　　　　　　　　　图 5-2

---

① 孟开元, 史芸. 数字媒体环境下标志动画的应用研究 [J].设计, 2016(15):146-147.

以 AI 格式的矢量文件为例，将其导入 After Effects 中以后，在画面中直接放大，依然会出现马赛克，如图 5-3 所示。

这就需要单击该图层的"连续栅格化"按钮，这样矢量图无论如何放大，始终会保持清晰，如图 5-4所示。

图　5-3

图　5-4

5.2 示范实例——标志出场动画

初学者经常会认为，标志出场动画只要用一些炫酷的特效将标志展示出来就行了。但对于一些有经验的设计师而言，标志出场动画不仅仅是动效，还需要增加一些辅助元素，向用户传达标志背后的产品、行业等信息。

例如本节要演示的这个标志是一个时尚品牌的标志，该品牌旗下产品主要有服饰、箱包等。所以在对该标志出场动画进行设计的时候，也要把相关的产品融入动画中，效果如图 5-5 所示。

图　5-5

5.2.1 标志主体动画的制作

01 将提供的素材文件"5.2-标志和图标素材.ai"导入After Effects的"项目"面板中，这是一个有6个图层的

AI文件，"LOGO"图层是标志，其余5个图层分别是该标志的辅助元素。

新建一个1080P的合成，持续时间为5秒，命名为"标志出场动画"。在新合成中执行菜单中的"图层"→"新建"→"纯色"命令［快捷键是Command+Y（macOS）或Ctrl+Y（Windows）］，并执行菜单中的"效果"→"生成"→"填充"命令，设置"颜色"为白色。

把导入的AI文件中的"LOGO"图层拖入时间轴中。打开"缩放"属性，在第0秒添加关键帧，设置"缩放"参数为0%和0%，在第1秒设置参数为40%和40%，制作出从无到有的缩放动画，选中两个关键帧，按F9键，为动画添加"缓动"效果，如图5-6所示。

图 5-6

此时，动画效果是相对比较平缓的。但是对于商业作品来说，只有动效是不够的，还需要动效有节奏变化，使画面更具有冲击力，更能抓住用户的眼球。这就需要极快或者极慢的运动效果，只添加"缓动"效果是不够的，需要使用到After Effects中的"图表编辑器"。

02 单击时间轴中的"图表编辑器"按钮，再单击"LOGO"图层的"缩放"属性，因为之前为该属性添加过关键帧，所以时间轴的右侧会显示出该属性动画的曲线效果，如图5-7所示。

如果显示的曲线效果和配图不一样，是因为出现的图表不一致。单击"图表编辑器"下方的"选择图表类型和选项"按钮，在弹出的浮动菜单中执行"编辑速度图表"命令，如图5-8所示。

图 5-7

图 5-8

03 先单击曲线两端的任意一个端点，显示出黄色的曲线调节杠杆，再选中右侧端点的杠杆，向左侧拖曳，形成左侧尖锐波峰的曲线效果，最后选中左侧端点的杠杆，也向左侧拖曳，形成最左侧极尖锐波峰的曲线效果，如图5-9所示。

图 5-9

这时按空格键预览，会看到标志猛地冲向画面再缓缓停下来，比之前的动画更有节奏的变化，也使画面更有冲击力。

04 单击一下时间轴中的"图表编辑器"按钮，把"图表编辑器"关掉，再在第3、4秒为"LOGO"图层的"缩放"属性添加关键帧，分别设置参数为10%和40%，如图5-10所示。

图 5-10

05 重新打开"图表编辑器"，调节"缩放"属性后面两个关键帧的曲线，使整体曲线效果如图5-11所示。

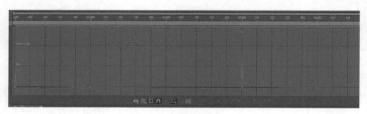

图 5-11

这样就能做出标志先猛地冲向画面，再缓缓向后退，之后再猛地冲向画面的动画效果。

06 使用"横排文字工具"，输入该标志所属企业的名称，并将标志图层设置为文字图层的父级图层，这样文字就能跟着标志运动了。

在第 1 秒左右，也就是标志运动最缓慢的时间段，添加"打字机"的文字动画预设，设置动画的时间长度为 0.5 秒左右，按空格键，就能看到标志冲出来，然后文字出现，随后文字和标志一起运动的动画效果了，如图 5-12 所示。

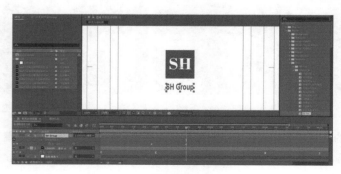

图 5-12

5.2.2 辅助元素动画的制作

辅助元素就是之前导入的 AI 文件中的其他图层，这些元素可以在标志第二次冲向画面的时候，随着标志一起冲出来，展示出该企业旗下的产品。

01 把5个辅助元素从"项目"面板中拖曳到时间轴中，放在标志图层的下层。

由于辅助元素比较多，可以先把它们对应的时间滑块移动到最右侧，就是动画结束处，并把这 5 个辅助元素的位置摆好，然后设置它们的起始效果，如图 5-13 所示。

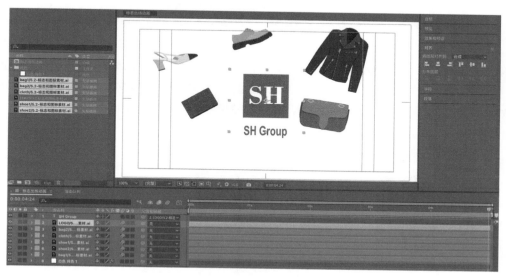

图 5-13

02 在第5秒的位置给5个辅助元素的位置、缩放、旋转、不透明度这4个属性都添加关键帧，并设置"不透明度"为0%。把时间滑块移动到第3秒的位置，将5个辅助元素的"缩放"和"旋转"参数均调整为0，并把它们都放在标志的中间位置，设置"不透明度"参数为100%，按空格键播放动画，会看到5个辅助元素从标志后面放大出现，再慢慢消失的动效，如图5-14所示。

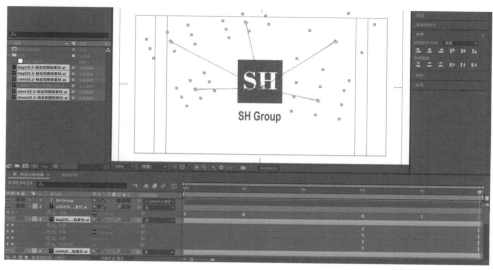

图 5-14

03 其实仔细看，会发现辅助元素和标志的运动速度不一样，这就需要打开"图表编辑器"，调整辅助元素的运动曲线，使它们的运动曲线和标志的保持一致，再添加"运动模糊"效果，让画面的动感更加强，如图5-15所示。

图 5-15

04 将提供的素材文件"5.2-动效速度线.aep"导入After Effects的"项目"面板中，这里面有3个速度线的合成。把"放射状动效"放在标志第一次冲向画面的位置，"横向动效"放在文字出现的位置，"爆发状动效"放在标志和辅助元素一起冲向画面的位置，增强画面的动感和冲击力，如图5-16所示。

图 5-16

05 将提供的素材文件"5.2-BGM.wav"拖曳到时间轴中，这是一个背景音效，最终效果如图5-17所示。

图 5-17

最终完成的文件是素材中的"5.2-标志出场动画 .aep"文件，有需要的读者可以自行打开查看。

5.3 示范实例——标志转换动画

After Effects 之所以能被广泛地使用，很大程度上是因为它的可拓展性极强，很多团队和个人为 After Effects 开发了数不胜数的插件和脚本，使 After Effects 的应用性得到了极大的加强。

本节所讲的"标志转换动画"将使用由 Motion Design School 开发的"Super Morphings"脚本来进行制作，效果如图 5-18 所示。

图 5-18

5.3.1 "Super Morphings"脚本的安装与使用

请读者在官方渠道获取该脚本后，打开其文件夹，将其中的"Super Morphings.jsxbin"复制，粘贴到计算机本地的 After Effects 脚本目录中，Windows 系统的路径一般是"C:\Program Files\Adobe\Adobe After Effects\Support Files\Scripts\ScriptUI Panels\"，macOS 系统的路径是"应用程序 \Adobe After Effects CC\Scripts\ScriptUI Panels\"，如图 5-19 所示。

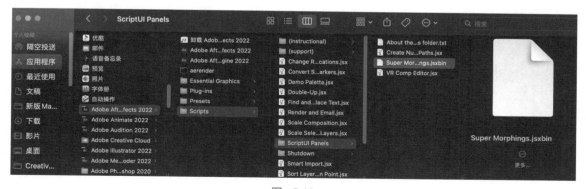

图 5-19

进入 After Effects 中，执行菜单中的"编辑"→"首选项"→"脚本和表达式"命令（Windows）或"After Effects"→"首选项"→"脚本和表达式"命令（macOS），在打开的"首选项"面板中勾选"允许脚本写入文件和访问网络"选项，单击"确定"按钮关闭窗口，如图 5-20 所示。

执行菜单中的"窗口"→"Super Morphings.jsxbin"命令，就可以打开"Super Morphings"脚本的设置面板，正常使用该脚本了，如图 5-21 所示。

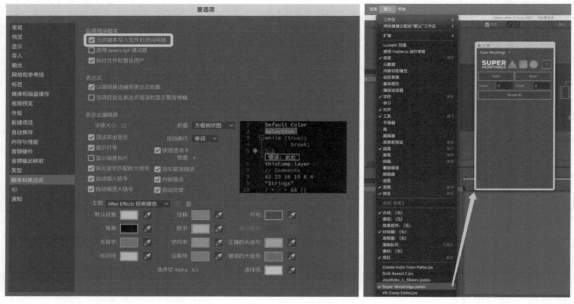

图 5-20   图 5-21

"Super Morphings"脚本的使用比较简单，只需要制作两个元素分别放在两个图层中，然后选中这两个图层，单击"Super Morphings"设置面板上的"Morph It!"按钮，就能自动生成两个元素流畅转换的动画效果，如图 5-22 所示。

图 5-22

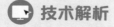 **技术解析**

在使用"Super Morphings"脚本时，图层的选择顺序也是有要求的。通常情况下，先选中的图层会转换成后选中的图层。

5.3.2 广告口号到标志的转换动画

广告口号是广告用的宣传语，也就是业界常说的 SLogan。广告口号是一种在较长时期内反复使用的特定的商业用语，它的作用就是以最简短的文字把企业或产品的特性及优点表达出来，向人传递浓缩的广告信息。

很多标志是和广告口号放在一起的，比如苹果的 Think Different 等，因此一些标志动画也会把广告口号融入进去。

01 新建一个1080P的合成，持续时间为4秒，命名为"标志转换动画"，输入广告口号"每天进步一点点"，需要注意的是，要把每个字单独放在一个图层中，图层之间相互间隔2帧左右，做出文字一个一个出现的动效，如图5-23所示。

图 5-23

02 将提供的素材文件"5.3-标志素材.ai"导入After Effects的"项目"面板中，拖曳到时间轴的最上层，放到画面的正中间，如图5-24所示。

图 5-24

03 选中所有的文字图层，按住Shift键选中标志图层，把时间滑块放在第1秒的位置，这样转换动画会从第1秒开始。执行菜单中的"窗口"→"Super Morphings.jsxbin"命令，打开"Super Morphings"设置面板，单击"Morph It！"按钮，按空格键预览，会看到7个文字汇聚在一起，生成了标志的动画效果，再为所有图层添加"运动模糊"效果，使画面的动感更强，如图5-25所示。

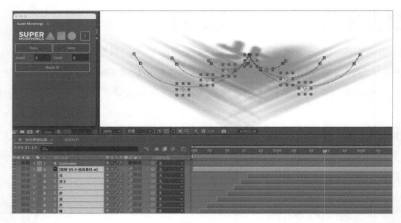

图　5-25

04 文字在动画的最后阶段被放大太多，导致出现了画质变差的问题。选中一个文字图层，按U键打开所有关键帧，调整"缩放高度"和"缩放宽度"两个属性最右侧的关键帧的数值为200，这样文字的缩放就正常了，如图5-26所示。逐一选中其他文字图层，按照上述的操作进行调整。

图　5-26

05 选中所有的文字图层，打开"Super Morphings"设置面板，设置"Count"为2，再单击"Trails"按钮，这时每个文字图层都会出现一个新的形状图层，按空格键预览动画，会看到每个文字都增加了2条速度线，使画面的动感更强。

　　选中新出现的"Trails Controller"图层，在"效果控件"面板中调整"颜色"为黄色，把速度线变成黄色，设置"Width"为8，让速度线再粗一些，再设置"Dashes"中的"Gap 1"参数为18，让速度线变成虚线，如图5-27所示。

图　5-27

06 选中时间轴中的"Controller"图层，在"效果控件"面板中调整"Amplitude"为200%，"Frequency"为2.00，"Decay(sec)"为1.2.0，让标志的运动更加灵活和Q弹一些，如图5-28所示。

图 5-28

07 在"项目"面板中，在"标志转换动画"合成上单击鼠标右键，在弹出的浮动面板中执行"基于所选项新建合成"命令，将新的合成命名为"标志转换动画加投影"。

在新合成中，将"标志转换动画"图层复制一份，设置"缩放"参数为 100% 和 20%，将其压扁并移动到画面下方，再设置"不透明度"参数为 20%，用于制作投影效果。

执行菜单中的"效果"→"生成"→"填充"命令，并在"效果控件"面板中调整该效果的"颜色"为黑色，再执行菜单中的"效果"→"模糊和锐化"→"高斯模糊"命令，在"效果控件"面板中调整该效果的"模糊度"为 120.0，最终效果如图 5-29 所示。

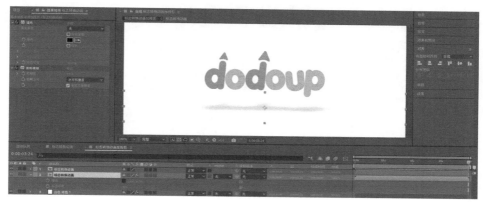

图 5-29

最终完成的文件是素材中的"5.3-标志转换动画 .aep"文件，有需要的读者可以自行打开查看。

5.4 示范实例——卡通标志动画

随着二次元文化的发展，很多标志越来越卡通化，一些可爱的小动物形象开始作为标志出现。制作卡通标志动画时，毫无疑问应该让这些形象动起来。

本节要展示的标志是一只小狮子的形象，这是一家从事学前教育的企业，使用卡通标志动画更容易让学前儿童产生兴趣，效果如图 5-30 所示。

图 5-30

5.4.1 标志表情动画的制作

01 将提供的素材文件"5.4-标志素材.ai"导入After Effects的"项目"面板中，"导入种类"选择"合成"，"素材尺寸"选择"图层大小"，这是一个有7个图层的AI文件，内容分别是眼睛、嘴巴、胡子、额头、头部、耳朵、底色。双击"项目"面板中的"5.4-标志素材"合成，进入该合成内部，选中所有图层，把它们在画面中向上移动一些，为下面的标志文字部分留出空间，并设置该合成的"持续时间"为5秒，如图5-31所示。

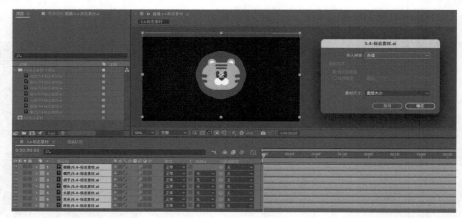

图 5-31

 王老师的碎碎念

制作卡通动画和制作角色动画一样，要本着先整体后局部、先外部再内部的制作顺序，在本实例中，应该先制作头部这个整体的动画效果，再来制作局部的动画。

02 单独显示"头部"和"底色"图层，使用工具栏中的"向后平移（锚点）工具"，将它们的锚点放在各自的底部位置。打开"缩放"属性，在第0帧添加关键帧，单击数值前面的锁链图标，取消锁定比例，设置"缩放"参数为100%和0%；再在第6帧处设置"缩放"参数为100%和120%，最后在第8帧处设置"缩放"参数为100%和100%。将所有关键帧都选中，按F9键添加"缓动"效果，按空格键进行预览，会看到头部和底色从画面的下方弹了出来，如图5-32所示。

图 5-32

03 头部出场后，开始制作外部的耳朵动画。选中"耳朵"图层，也把锚点放在耳朵底部的位置。打开"缩放"属性，在第8帧处设置参数为100%和0%，在第10帧处设置参数为100%和200%，在第12帧处设置参数为100%和100%，也为这几个关键帧添加"缓动"效果，如图5-33所示。

图 5-33

04 选中"嘴巴""胡子""额头"图层，将它们的父级图层设置为"眼睛"图层，这样就可以通过"眼睛"图层来控制它们。打开"眼睛"图层的"缩放"属性，在第16帧、20帧和22帧处添加关键帧，分别设置参数为0%和0%、120%和120%、100%和100%，制作出它们的出场动画，并把它们在画面中整体向右侧移动一些，为转头动画做准备，如图5-34所示。

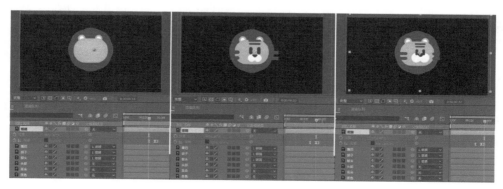

图 5-34

05 现在发现胡子已经超出标志的范围了，将"头部"图层复制一份，放在"胡子"图层的上层，单击"胡子"图层右侧TrkMat属性下面的下拉按钮，在弹出的下拉菜单中选择"Alpha遮罩头部2"，将新的头部图层设置为它的遮罩层，这样就把胡子的显示区域控制在头部内了，如图5-35所示。

图 5-35

06 制作小狮子转头的动画。打开"眼睛"和"耳朵"图层的"位置"属性，在1秒11的位置添加关键帧；在1秒22处将"眼睛"图层往画面左侧移动一些，把"耳朵"图层向画面右侧移动一些；在2秒12处添加关键帧，数值都不变；在2秒20处调整眼睛、嘴巴、胡子、额头、耳朵都居中。按空格键预览，就能看到小狮子左右扭头的动画了，如图5-36所示。

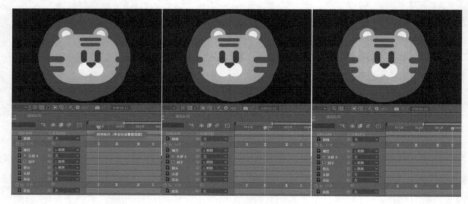

图 5-36

07 选中"嘴巴"图层，打开"缩放"属性，在适当的时候把嘴巴放大一些，做出张嘴的动画，最终完成的小狮子表情动画的时间轴如图5-37所示。

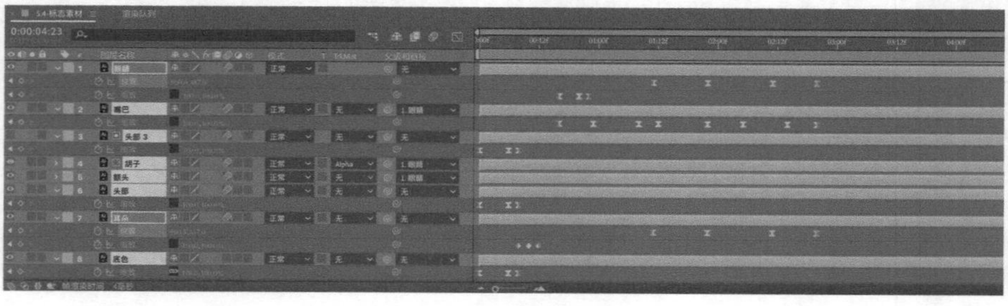

图 5-37

5.4.2 标志立体效果的制作

对于扁平化的标志来说，在动画制作中应尽量增加一些立体感，例如添加投影、斜面和浮雕等效果，但参数不要设置得太高，而且效果不能太单一。本小节就要制作一个 45°的投影效果。

01 在"项目"面板中，为"5.4-标志素材"合成执行"基于所选项新建合成"命令，将新合成命名为"LOGO动画合成"。在新合成中添加黄色的纯色图层，放在时间轴底层作为底色。

把"5.4-标志素材"图层复制一份，选中复制出来的"5.4-标志素材"图层，调整"不透明度"为70%，执行菜单中的"效果"→"生成"→"填充"命令，设置"颜色"为深紫色，即画面主色调黄色的补色。再执行菜单中的"效果"→"模糊和锐化"→"CC Radial Fast Blur"命令，在"效果控件"面板中，调整该效果的"Center"（中心点）到画面的左上方，"Amount"（数量）为 90.0，这时就会看到标志向右下方倾斜的投影效果，如图 5-38 所示。

图 5-38

现在的阴影只有一层，缺乏层次感，所以可以为小狮子的头部和鬃毛分别设置投影。

02 回到"5.4-标志素材"合成中，把最下面的"底色"图层剪切并粘贴到"LOGO动画合成"合成中，按照上一步的操作为鬃毛部分添加投影效果。但是因为该图层向上移动过，所以下面部分是空的，画面底部会有一个明显的明暗交界线，如图5-39所示。

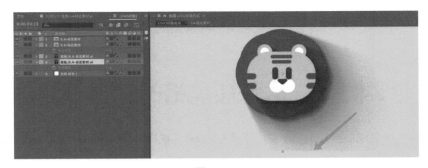

图 5-39

03 在新的"底色"图层上单击鼠标右键，在弹出的浮动菜单中执行"预合成"命令，在"预合成"面板中选择"将所有属性移动到新合成"，单击"确定"按钮，这样该图层就变成了一个合成，再重新为它添加投影效果，就可以看到画面底部的明暗交界线消失了，如图5-40所示。

图 5-40

04 使用工具栏中的"横排文字工具"输入标志的文字内容，并添加"划入到中央"的文字动画预设。按照之前的操作方法为文字添加投影效果，因为文字笔画很细，所以投影的参数可以相对调低些，最终效果如图5-41所示。

图 5-41

最终完成的文件是素材中的"5.4-卡通标志动画.aep"文件，有需要的读者可以自行打开查看。

5.5 示范实例——孟菲斯风格的综艺节目标志动画

孟菲斯（Memphis）成立于1981年，由后现代主义设计师埃托尔·索特萨斯（Ettore Sottsass）为代表，是一群志同道合的设计师在意大利米兰组成的设计集团，1988年宣布解散。虽然孟菲斯存在的时间只有短短7年，但其独特的设计思想和设计风格突破了传统的理性主义设计理念，打破了现代主义设计带来的单调、乏味的生活，成为后现代主义设计中一条重要的支流。

孟菲斯的设计或活泼，或天真自然，或幽默滑稽，极富表现力，可以说是20世纪80年代设计中的"反叛者"。近年来，孟菲斯风格开始被越来越多的设计师尝试，并被大众喜爱。

孟菲斯风格的主要特点如下。

1. 极具视觉冲击的高饱和度颜色

传统的设计理论一般要求不能同时使用超过 3 种颜色，但是孟菲斯风格则运用多种高饱和度颜色，营造大胆、强烈的视觉冲击，来呈现设计的活泼感和生机感，张扬其独特的风格。

2. 极具趣味性的几何图形

孟菲斯风格的另一大特点就是使用大量重复的几何图形和线条，以常见的正方形、圆形、三角形及波浪形的线条为主，这些几何图形和线条充斥整个画面，使得整个画面丰富而活泼。

3. 伪立体的效果

孟菲斯风格在图形元素中运用错位关系、具有故障的视觉偏差感知来实现物体的三维效果，为画面提供视觉上的空间感和立体感，如图 5-42 所示。

图 5-42

本节将制作孟菲斯风格的综艺节目标志动画，效果如图 5-43 所示。

图 5-43

5.5.1 标志伪立体动画的制作

01 将提供的素材文件"5.5-综艺标志素材.ai"导入After Effects的"项目"面板中，设置"导入种类"为"合成"，"素材尺寸"为"图层大小"。

打开"项目"面板中的"5.5-综艺标志素材"合成，修改"持续时间"为 5 秒，在"时间轴"上设置"AE"图层为"左右"图层和"左上"图层的父级图层，"影视特效"图层为"右下"图层和"右左"图层的父级图层，"logo"图层为"上右"图层和"上下"图层的父级图层，这样方便动画的调整，如图 5-44 所示。

图　5-44

02 打开"老师""AE""影视特效""logo"这4个图层的"位置"属性，先在第1秒的位置添加关键帧，再在第10帧的位置将它们聚拢，并给这些关键帧添加"缓动"效果，这样可以做出由聚拢到散开的动画，如图5-45所示。

图　5-45

03 选中"左右"图层，执行菜单中的"效果"→"过渡"→"线性擦除"命令，在"效果控件"面板中为"过渡完成"属性分别在第10帧和第1秒的位置添加关键帧，调整该属性的参数，做出该图层线性出现的动画效果，如图5-46所示。

图　5-46

04 选中"左上"图层，执行"线性擦除"命令，因为该图层应该纵向显示，所以在"效果控件"面板中调整该效果的"擦除角度"为0×+180.0°，再按照上一步的操作，制作出该图层线性显示的动画效果，如图5-47所示。

图 5-47

05 分别为其他图层执行"线性擦除"命令，根据不同的位置设置"擦除角度"参数，制作出线性显示的动画效果，完成后按空格键预览，会看到几个主体物由平面变成立体的动画效果，如图5-48所示。

图 5-48

5.5.2 使用表达式制作抖动效果

01 在"项目"面板中，为"5.5-综艺标志素材"合成执行"基于所选项新建合成"命令，将新合成命名为"孟菲斯片头效果"。新建纯色图层，设置"颜色"为蓝色，放在时间轴底层作为背景色。

使用"椭圆工具"，分别在左上角和右下角绘制圆形，设置"颜色"为绿色和黄色，分别在第 0 帧和第 1 秒的位置为"缩放"属性设置关键帧，做出由小到大的动画效果，如图 5-49 所示。

02 分别为圆形执行菜单中的"效果"→"扭曲"→"湍流置换"命令，在"效果控件"面板中调整"数量"为200，"大小"为380，这时会看到圆形出现了扭曲的效果，如图5-50所示。

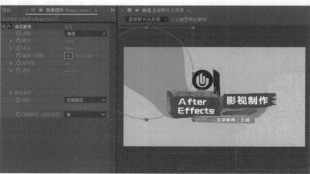

图 5-49   图 5-50

03 逐一单击圆形图层前面的小箭头，找到"湍流置换"中的"演化"属性，按住Option键（macOS）或Alt键（Windows）单击"演化"属性前面的小秒表按钮，在右侧的表达式输入框中输入文字"time*25"，再预览动画，就会看到圆形有了扭曲的动画效果，如图5-51所示。

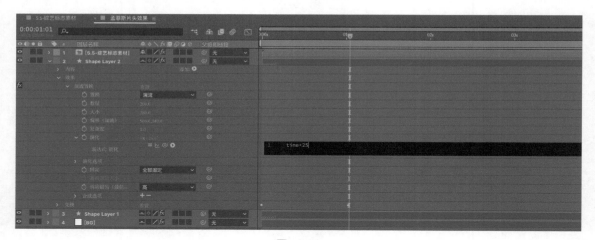

图   5-51

💻 **技术解析**

在 After Effects 中，"time"是一个经常使用到的表达式。

time 表示时间，单位是秒，时间滑块移动到相应的位置就对应它当前的时间，* 表示相乘，例如时间滑块移动到 2 秒处，time 就等于 2，此时 time*25 表示 2 乘以 25，结果为 50。凡是涉及 time 的表达式都表示该属性的参数随着时间而改变。

---

04 为"［5.5-综艺标志素材］"图层添加"湍流置换"效果，因为标志本身比较小，所以参数需设置得低一些，"数量"设置为4.0，"大小"设置为36.0。继续为"演化"属性添加表达式，因为标志小，所以变化的频率要快一些，输入表达式"(time*2000)%(80*360);"，如图5-52所示。

图 5-52

5.5.3 孟菲斯元素的添加

孟菲斯风格中有很多线条和几何图形元素。这个实例表现的是手绘效果，所以可以将一些手绘效果的图形元素穿插在画面中。

01 将提供的素材文件"5.5-涂鸦元素.psd"导入After Effects的"项目"面板中，设置"导入种类"为"合成"，"素材尺寸"为"图层大小"。这个PSD文件中有31个不同涂鸦效果的元素，可以根据需要使用。

将选好的涂鸦元素摆放在画面中，可以调整"不透明度""缩放""旋转"属性的参数，也可以通过"填充"命令去改变元素的颜色。摆好涂鸦元素的位置以后，在第 10 帧和第 1 秒之间制作由小变大的动画效果，并根据需要添加"湍流置换"效果，制作抖动的动效，如图 5-53 所示。

图 5-53

02 导入"5.5-孟菲斯装饰元素.psd"文件，这里面有10种不同的几何和线条元素可以使用，将选择好的元素在画面中摆放好，同样制作由小到大的动画效果。

　　这种特别小的元素就没必要添加"湍流置换"效果了，但是完全不动也不行，可以按住Option键（macOS）或Alt键（Windows）单击"旋转"属性前面的小秒表按钮，添加表达式"wiggle(1,10)"，这样该元素就会不断地进行轻微的抖动，如图5-54所示。

图　5-54

> ### 💻 技术解析
>
> 　　"wiggle"是随机抖动的表达式，后面的两个参数分别是频率和振幅。
> 　　第一个数值越高，就是抖动的频率越高，抖动的速度会加快。
> 　　第二个数值越高，就是抖动的振幅越高，抖动的幅度会加大。

03 导入"5.5-涂鸦对话框.psd"文件，从14个不同的对话框中选择一个，放在标志的右上角，并在对话框内输入相应的文字，如图5-55所示。调整两个图层的"缩放"参数，制作出由小到大的动画效果，并添加抖动的效果。

图　5-55

04 导入"5.5-BGM.wav"音频文件，这是一段爵士风格的音乐，搭配孟菲斯风格的画面比较合适，将该音频文件从"项目"面板拖曳到时间轴中的任意位置，作为该片头的背景音乐，最终效果如图5-56所示。

图　5-56

最终完成的文件是素材中的"5.5-综艺节目标志动画 .aep"文件，有需要的读者可以自行打开查看。

📝 **本章小结**

　　本章介绍了标志动画的设计与制作方法。标志动画的重点是突出标志本身，让观众对标志及标志背后的企业、产品、品牌加深记忆。因此在实际的设计与制作中，所有的一切，包括动效、色彩、辅助元素等，都是为标志服务的。

　　如何突出标志本身呢？

　　这要结合实际情况进行制作，例如整体画面是冷色调，而标志是暖色调，这样就能让标志在画面中突出；整体画面动感很强，而标志本身相对静止，这样也可以让标志更突出。

　　所以大家在设计和制作标志动画的时候，一定要围绕着标志本身去思考、去创新，这样才能做出真正符合市场需要的动画。

🎯 **练习题**

　　1. 找一家知名企业的标志，尝试为它设计并制作一段动画。

　　2. 结合最近热播的综艺节目、电影、电视剧，为其设计一款标志，并为它设计并制作一段动画。

6

物体动画设计

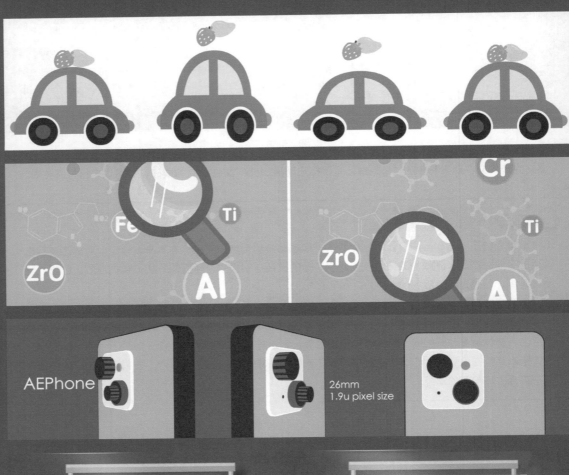

6.1 动画设计的原理

深入理解真实世界中由力（如引力、重力、相互作用力等）产生的运动，可以帮助我们利用设计原理对复杂的想法或概念进行表现。在 20 世纪 30 年代，沃尔特·迪士尼（Walt Disney）提出了若干条动画设计的基本原理，这为传统动画的制作提供了指导原则。

在 20 世纪 80 年代，迪士尼的退休员工弗兰克·托马斯（Frank Thomas）和奥利·约翰斯顿（Ollie Johnston）编写并出版了 *The Illusion of Life*：*Disney Animation* 生命的幻象：迪士尼动画造型设计一书，将动画设计的基本原理总结为以下 12 条：

1. 挤压和拉伸（Squash and Stretch）；

2. 预备动作（Anticipation）；

3. 演出设计（Staging）；

4. 顺画法和定点画法（Straight Ahead Action and Pose to Pose）；

5. 跟随动作和重叠动作（Follow Through and Overlapping Action）；

6. 缓入和缓出（Slow in and Slow out）；

7. 曲线运动（Arcs）；

8. 次要动作（Secondary Action）；

9. 时间控制（Timing）；

10. 夸张（Exaggeration）；

11. 体积感（Solid Drawing）；

12. 吸引力（Appeal）。[①]

上述 12 条动画原理都是从手绘动画时代流传下来的，具有很强的实用性，但是这些原理有一些是针对电影动画角色的，而且当时是用笔在纸上进行绘制的。进入计算机时代以后，尤其是对于 After Effects 来说，经常用到的有以下几条。

挤压和拉伸

在诸多动画原理中，挤压和拉伸原理是非常重要的。动画里的挤压动作是通过两个过程来表现的：强大的外力使物体被挤压后紧缩，之后得到伸展，如图 6-1 所示。例如一个球弹到墙上，它与墙面碰撞时被压扁，然后它反弹回来，它的形状又会得到伸展。同样的原理，一个物体或一个角色被压扁时，它会变得更宽，而它伸展时，则会变得更细、更薄，但不论是被挤压还是伸展，它的体积是不会改变的。

图 6-1

① ［英］弗兰克·托马斯，奥利·约翰斯顿. 生命的幻象：迪斯尼动画造型设计［M］. 方丽，等，译. 北京：中国青年出版社，2011：47.

预备动作

预备动作是物体在进行主要运动之前，往相反方向进行的运动，如图6-2所示。就像要先把拳头向后收缩，才能更有力地打出去一样，物体在进行主要运动前总会发生细微的反方向运动，这样进行的主要动作才会更加有力度，而且为主要动作提供了线索。如果没有预备动作，主要动作就会显得出乎意料，甚至会让观众感到突兀。

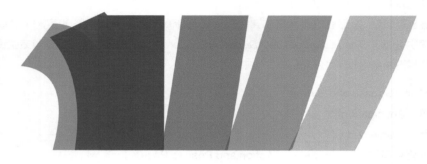

图 6-2

跟随动作和重叠动作

当主体物运动时，附加物也会跟随运动。用手将球向上抛起时，手会托着球先猛地向上运动，然后手的向上运动停止，球会因为惯性从手中脱离继续向上运动，这就是跟随动作，手将球抛上去后，会向下运动到原来的位置，而球在到达顶点后也会向下落，两个物体都向下运动，但因为距离不同，速度也不同，球需要额外的时间来赶上手，最终两者都回到出发的位置，手接住了球，这就是重叠动作，如图6-3所示。

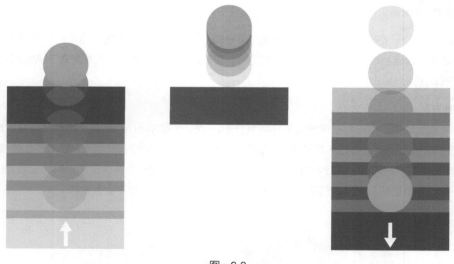

图 6-3

缓入和缓出

在现实世界中，几乎所有物体的运动从严格意义上来讲都是变速运动，即随着时间的推移，速度越来越快的加速运动或速度逐渐变慢的减速运动。就像用力抛出去的球一样，刚开始因为受到手的推力，速度会越来越快，但在运动的过程中，球会受到重力和空气阻力的影响，速度会逐渐慢下来，直到停止。因此，在制作动画的时候，绝对的匀速运动是要尽量避免的，一般根据具体情况来设置物体的变速效果。

在图 6-4 中，由上到下分别是线性的匀速运动、缓入的减速运动和缓出的加速运动。

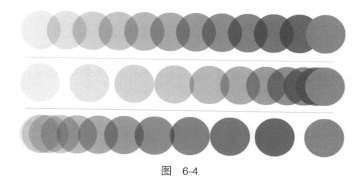

图　6-4

曲线运动

生活中很少有物体能够精准地由内向外或由上到下来回直线运动，所以大多数物体的运动都要遵循一个偏弧形的运动轨迹，如图 6-5 所示。例如，抛出去的物体在空中会形成一个抛物线的运动轨迹。因此，在动画的制作中，也尽量要让物体在运动时都遵循曲线的运动路径，这样就可以使物体的运动看起来不机械化，更自然。

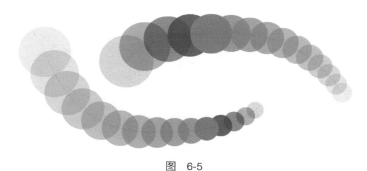

图　6-5

体积感

我们所处的现实世界是一个三维空间，每一个物体都有着自己的厚度、质量、体积、阴影等。这些物体呈现在画面中的效果不尽相同，例如，同等体积的棉花和钢铁，因为质量不同，阴影的明暗是不一样的。而且塑造立体感的时候，对空间透视也要有一定的了解。在动画的制作中，要充分考虑上述内容，充分塑造不同物体的体积感，这样才会使画面更加可信，如图 6-6 所示。

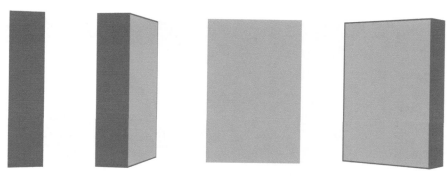

图　6-6

6.2 示范实例——汽车颠簸动画

本节制作的是一辆颠簸的汽车，上下颠簸的时候会用到挤压和拉伸的动画原理。另外，汽车的顶部还有两个水果，运动时会用到跟随动作和重叠动作的动画原理。本实例的效果如图6-7所示。

图　6-7

01 将提供的素材文件"6.2-汽车素材.ai"以"合成"的形式导入After Effects中，双击打开"6.2-汽车素材"合成，并修改"持续时间"为5秒。这是一个汽车的AI文件，分了车轮、车身、草莓、芒果4个图层，如图6-8所示。

图　6-8

在制作动画之前，需要认真地考虑一下想要做的效果。在这个实例中，想做的是汽车不断颠簸着向前行驶的动画，因为不断颠簸是有规律的不断重复的动画，所以可以先做好一个循环动画，再把该循环动画不断重复就可以了。

02 整个画面中，主体物无疑是车身，先把"车身"图层设置为其他3个图层的父级图层，再调整车身的锚点在自身的底部中间位置，如图6-9所示。

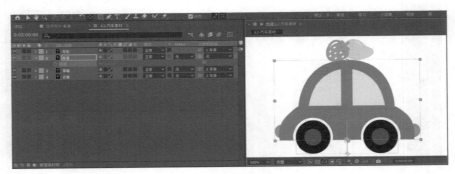

图　6-9

03 选中"车身"图层，按住Shift键，再分别按P键和S键，打开它的"位置"和"缩放"属性，在第0帧为这两个属性添加关键帧。在第6帧处，将车身向上拉伸一些，因为"不论是被挤压还是伸展，它的体积是不会改变的"，所以还需要把它横向收缩一些，将"缩放"参数设置为95%和120%。同理，在第10帧处车身向下挤压时，不光纵向要压扁一些，横向要拉长一些，将"缩放"参数设置为110%和90%。然后把第0帧的关键帧复制到第12帧，使起始帧和结束帧保持一致，完成一个循环动画的制作，如图6-10所示。

图 6-10

根据跟随动作和重叠动作的动画原理，车顶的水果应该在车身向上拉伸后继续向上运动，然后才向下落在车顶上。

04 打开"草莓"图层和"芒果"图层的"位置"和"旋转"属性，在第0帧和第12帧添加关键帧。在第8帧，即车身拉伸动作结束的后两帧位置，把两个水果向上移动一些，并稍微调整"旋转"参数，这样按空格键就能看到车身弹起后，两个水果又因为惯性向上移动了一点，才开始落下，如图6-11所示。

图 6-11

这样一个完整的循环动画就做好了，接下来让这12帧循环播放就可以了。但是在After Effects中，只有序列图或者视频才可以用"解释素材"的方法循环播放。如果想要让合成循环播放，只能在时间轴中将合成不断复制，或者将关键帧不断复制。这样操作相对烦琐，而且复制多少份就循环多少遍。所以这里将使用表达式来重复循环动画。

05 按住Option键（macOS）或者Alt键（Windows），单击"车身"图层"位置"属性前面的小秒表按钮，即可为该属性添加表达式。单击"表达式：位置"右侧的"表达式语言菜单"按钮，在弹出的浮动菜单中执行"Property" → "loopOut(type = "cycle", numKeyframes = 0)"命令，这时再按空格键预览，就发现该图层"位置"属性的动画已经循环播放了，如图6-12所示。

图 6-12

📺 技术解析

循环表达式分为 loopIn 和 loopOut 两种。其中 loopIn 是关键帧在时间轴上的左侧部分循环，而 loopOut 是关键帧在时间轴上的右侧部分循环。

以上一步的操作为例，设置的关键帧在第0帧和第12帧，需要让这些关键帧在时间轴的右侧部分不断循环，所以添加的是 loopOut。

---

06 重复上一步的操作，为其他添加关键帧的图层属性设置循环动画，再预览动画，就能看到一个循环播放的汽车颠簸动画了，此时的时间轴如图6-13所示。

图 6-13

07 在"项目"面板中，为"6.2-汽车素材"合成执行"基于所选项新建合成"命令，将新合成命名为"汽车颠簸动画"。

在新合成中添加白色的纯色图层，放在时间轴底层作为底色。

导入素材"6.2-城市场景.ai"文件，放在纯色图层的上层，并将"不透明度"设置为 20%，作为汽车行驶的背景。

选中"6.2-汽车素材"图层，按快捷键 Command+D（macOS）或 Ctrl+D（Windows），将它复制一份，选中新复制的"6.2-汽车素材"图层，分别执行"填充"和"高斯模糊"命令，再调整它的"缩放"属性，将它压扁放在车轮下面的位置，作为汽车的阴影，最后把它链接到原"6.2-汽车素材"图层，如图 6-14 所示。

图　6-14

08 打开原"6.2-汽车素材"图层的"位置"属性，在第 0 帧添加关键帧，将该图层向左移动出画面，在第 5 秒将该图层向右移动出画面。按空格键预览，就能看到汽车颠簸着从左侧进入画面，向右驶出画面的动画了。最终效果如图 6-15 所示。

图　6-15

最终完成的文件是素材中的"6.2-汽车颠簸动画.aep"文件，有需要的读者可以自行打开查看。

6.3 示范实例——放大镜曲线运动动画

本节制作的是使用放大镜在画面中找到 Fe（铁）元素的动画效果，放大镜入画的动作将运用到物体曲线运动的动画原理，而放大镜下的放大效果使用遮罩技术制作，效果如图 6-16 所示。

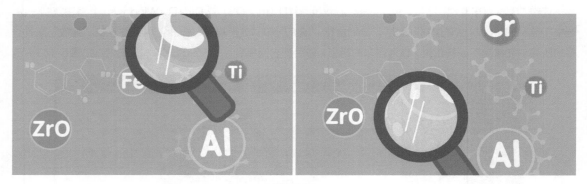

图 6-16

01 打开素材中的"6.3-化学元素.aep"文件，这是一个在After Effects中绘制的化学元素画面，所有的化学元素都和它们底部的圆形一一对应，设置了子父级图层，所有图形图层都由最上面的"空1"图层控制，如图6-17所示。

要让这些化学元素动起来，如果一个一个去调动画，工作量会比较大。因为需要突出的是 Fe 元素，所以可以设置其他元素围绕着 Fe 元素进行曲线运动。

02 选中"空1"图层，使用"向后平移（锚点）工具"，调整该图层的中心点在Fe元素的中间。然后打开该图层的"旋转"属性，在第0帧添加关键帧，在第4秒24帧的位置设置"旋转"属性参数为0×+40°，这样所有其他的元素都围绕着Fe元素进行旋转的曲线运动了，如图6-18所示。

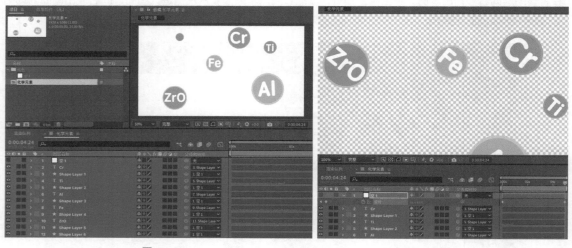

图 6-17　　　　　　　　　　　　　　　　　　图 6-18

现在画面中的问题是，图形中的文字也发生了旋转，如果想这些文字一直保持直立的效果，就需要对文字的"旋转"属性进行关键帧的设置。

03 逐一打开文字图层的"旋转"属性，在第0帧添加关键帧，再在第4秒24帧处逐一将文字旋转直立，这样就给文字制作了逆向旋转的动画效果，按空格键预览，在整体旋转的时候文字就始终是直立的状态了，如图6-19所示。

04 在"项目"面板中将"化学元素"合成复制一份，在新的"化学元素2"合成中，逐一打开文字图层下层圆形图层的"缩放"属性，调整参数为之前的两倍，将它们在原地放大，制作放大镜下的放大效果，如图6-20所示。

图 6-19　　　　　　　　　　　　　图 6-20

05 新建1080P、持续时间为4秒的合成，命名为"放大镜曲线动画"，将"化学元素"合成和"化学元素2"合成拖曳到该合成中，并将"化学元素2"图层放在最上层。

执行菜单中的"图层"→"新建"→"纯色"命令［快捷键是Command+Y（macOS）或Ctrl+Y（Windows）］，并执行菜单中的"效果"→"生成"→"填充"命令，设置"颜色"为偏亮的冷色。

将素材中的"6.3-放大镜素材.ai"文件导入"项目"面板中，并拖曳到时间轴的最上层，在画面中将放大镜的圆形放在Fe元素的位置，使用"向后平移（锚点）工具"，调整放大镜图层的中心点在圆形的中间位置，如图6-21所示。

图 6-21

06 执行菜单中的"图层"→"新建"→"调整图层"命令［快捷键是Option+Command+Y（macOS）或Ctrl+Alt+Ctrl+Y（Windows）］，把该调整图层放在时间轴中放大镜图层的下层，再为调整图层执行菜单中的"效果"→"扭曲"→"球面化"命令，在"效果控件"面板中调整"半径"属性参数为300.0，模拟出放大镜的球面扭曲效果。

但是现在球面扭曲的位置并不在放大镜圆形的位置，这就需要先把放大镜图层设置为调整图层的父级图层，然后在时间轴中打开调整图层的"球面中心"属性，将该属性后面的"属性关联器"按钮拖曳到放大镜图层的"位置"属性上，使球面扭曲效果的中心始终在放大镜圆形的中心位置，这时再移动放大镜，就会看到球面扭曲效果始终跟随着放大镜进行移动了，如图 6-22 所示。

图 6-22

07 使用"椭圆工具"，沿着放大镜的边缘绘制一个圆形，并把"形状图层1"图层放在"化学元素2"图层的上层，如图6-23所示。

08 将"化学元素2"图层的TrkMat属性设置为"Alpha遮罩形状图层1"，把"形状图层1"图层设置为"化学元素2"图层的遮罩层，这样放大效果只会在放大镜的范围内显示，画面中的其他区域都是正常大小的，如图6-24所示。

图 6-23　　　　　　　　　　　　　　　　图 6-24

09 打开放大镜图层的"位置"属性，调整放大镜从画面右下角入画，停在Fe元素的上面，但如果放大镜径直停在Fe元素上面，会显得动画太机械化、不自然，所以可以多设置几个关键帧，让放大镜沿着画面边缘转一圈，进行"曲线运动"，然后移动到Fe元素的上面，如图6-25所示。

10 选中放大镜图层，会在画面中看到移动轨迹，现在的移动轨迹不够圆润，可以使用"选取工具"在画面中单击移动轨迹，显示出调节杠杆，调整杠杆的位置使运动轨迹更加流畅，如图6-26所示。

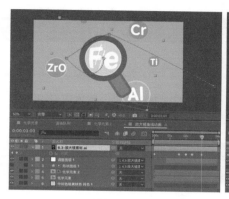

图 6-25

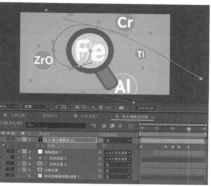

图 6-26

11 现在放大镜图层的"位置"属性上有5个关键帧，如果直接选中这5个关键帧，按F9键添加"缓动"效果的话，会看到放大镜的移动是一顿一顿的，这是因为默认的"缓动"命令是控制两个关键帧的，现在有5个关键帧，就需要单击鼠标右键，在弹出的浮动菜单中执行"漂浮穿梭时间"命令，这样"缓动"命令就能把所有的关键帧当作一个整体去处理，如图6-27所示。

图 6-27

💻 **技术解析**

　　"漂浮穿梭时间"是针对多个关键帧的调整命令，可以跨多个关键帧，将整个动画设置为一个动画曲线效果。图6-28的左侧是直接给5个关键帧加"缓动"效果的动画曲线，而右侧是为5个关键帧添加了"漂浮穿梭时间"命令的动画曲线，可以看到，左侧的曲线是一段一段的，而右侧的曲线是一个整体。

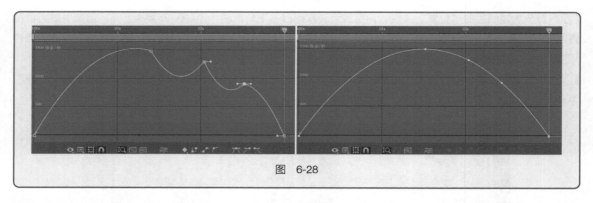

图 6-28

12 将素材中的"6.3-化学方程式素材.ai"文件导入，按照制作"化学元素"放大效果的操作，制作"化学方程式"的放大效果，并放在化学元素的下面作为背景，最终效果如图6-29所示。

图 6-29

最终完成的文件是素材中的"6.3-放大镜曲线动画 .aep"文件，有需要的读者可以自行打开查看。

6.4 示范实例——三维手机动画

在前面讲的动画原理中，有一条叫作体积感（Solid Drawing），这要求制作人员有一定的三维基础。After Effects 中整合了 Cinema 4D 的三维渲染器和相关技术，用来制作专业的三维效果。

Cinema 4D 是 Maxon 公司推出的 3D 建模和动画软件。After Effects 与 Cinema 4D 的紧密整合，可以让用户将 After Effects 和 Cinema 4D 结合使用。用户可以在 After Effects 中创建 Cinema 4D 文件（.c4d），并且可使用复杂 3D 元素、场景、动画、摄像机和渲染器。

本节讲的就是如何使用 After Effects，配合 Cinema 4D 的专业 3D 渲染器，来制作一款三维手机，让二维平面的画面变成立体、三维的效果，如图 6-30 所示。

图　6-30

6.4.1　三维手机模型的制作

01 新建1080P的合成，持续时间设置为5秒，在"合成设置"的"3D 渲染器"面板中，设置"渲染器"为
Cinema 4D，这样就可以使用Cinema 4D的专业3D渲染器进行制作了。

在合成中新建纯色图层，设置"颜色"为深蓝色，放在时间轴最下层作为背景色。

再使用"圆角矩形工具"绘制一个圆角矩形，设置"填充"为浅蓝色，"描边"为深蓝色，"描边宽度"
为 4 像素，并将其放大，只留上半部分在画面中，这样可以更好地突出手机背面左上方的摄像头，如图 6-31
所示。

图　6-31

02 将圆角矩形图层重命名为"机身"，并打开该图层的3D图层选项，这样图层就会出现新的"几何选项"
属性，调整"凸出深度"为90.0，这时机身已经有深度了，但因为现在只能看到正面，所以它的深度并没有
被展示出来。调整"Y轴旋转"参数，旋转机身，就会看到一个三维的立方体，如图6-32所示。

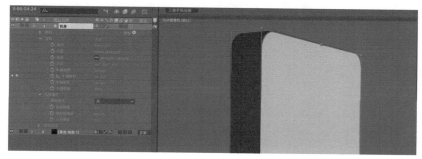

图　6-32

03 使用同样的方法绘制摄像头底座，设置"填充"为浅蓝色，"描边"为白色，"描边宽度"为4像素，并在时间轴中设置该图层的"凸出深度"为16.0。

单击右下角的"3D视图弹出式菜单"按钮，切换到"左侧"视图，就会看到摄像头底座其实是在机身里面，调整"摄像头底座"图层的"位置"属性参数为0.0、0.0、−16.0，让摄像头底座从机身上凸出来，如图6-33所示。

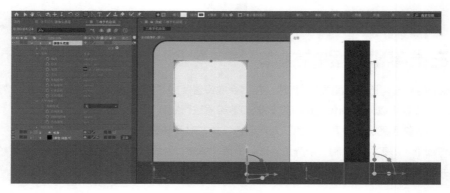

图 6-33

04 使用"椭圆工具"绘制手机的摄像头、闪光灯等，并调整它们的"凸出深度"，将它们放在摄像头底座上面，效果如图6-34所示。

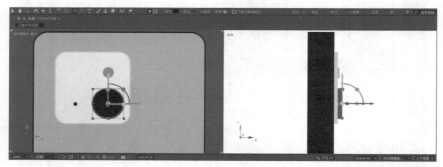

图 6-34

05 再创建两个摄像头，分别放在摄像头底座的左上方和右下方摄像头的中间，在时间轴中打开它们的属性，单击"虚线"属性右侧的加号，设置"虚线"为10.0，这样就为它们的"描边"增加了虚线效果，如图6-35所示。

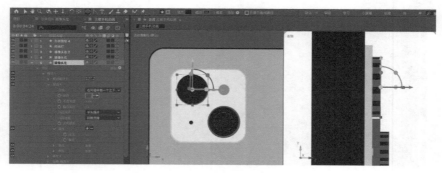

图 6-35

6.4.2 三维空间动画的制作

01 将"机身"图层设置为其他手机部件图层的父级图层,打开"机身"图层的"Y轴旋转"属性,分别在第0帧、第18帧、1秒19、2秒19、4秒05和4秒24处设置关键帧,参数分别为0×+0°、0×+60°、0×+60°、0×-60°、0×-60°、0×+0°,按空格键预览,就会看到手机在三维空间中先向左旋转,停留1秒后再向右旋转,最后回到正面的动画效果,如图6-36所示。

图　6-36

02 选中3个摄像头图层,在第18帧处为"位置"和"凸出深度"属性添加关键帧,然后在1秒02处调整两个属性的参数,使摄像头向前伸出,并在1秒19处将摄像头收回,进行同样的操作,在2秒19和4秒05之间制作摄像头伸出并缩回的动画效果,如图6-37所示。

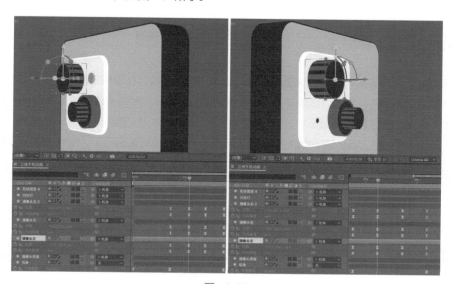

图　6-37

03 打开背景色图层中"填充"的"颜色"属性,在手机摄像头伸出的时候将颜色调亮,并添加关键帧,模拟闪光灯的效果。

还可以在手机摄像头伸出时添加一些相关的文字，用来介绍该款手机的亮点和相关参数，最终效果如图6-38所示。

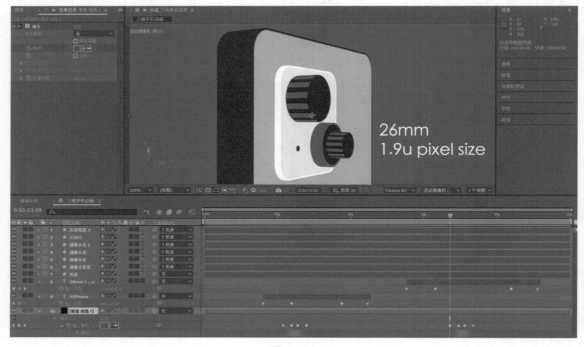

图 6-38

最终完成的文件是素材中的"6.4-三维手机动画.aep"文件，有需要的读者可以自行打开查看。

6.5 示范实例——音乐波形动画

在动画领域中，还存在着一些看起来毫无规律可言的动画。例如，在音乐播放器中，经常会看到一些随着音乐节奏不断跳动的波形、波点、线条等，这种动画如果按照传统的制作方法去添加关键帧，不仅不准确，而且工作量会特别大。在 After Effects 中，有一些特定的效果和技术用于制作这种音乐动画。

本节讲的就是如何使用 After Effects 制作一段跟随音乐节奏跳动的波形动画，效果如图 6-39 所示。

图 6-39

6.5.1 音波节奏动画的制作

01 将素材中的"6.5-收录机素材.ai"文件导入"项目"面板中，设置"导入种类"为"合成"，"素材尺寸"为"图层大小"。进入该合成，调整"阴影"图层模式为"相乘"，再选中"BG"图层，执行菜单中的"效果"→"颜色校正"→"色相/饱和度"命令，将背景色调整成合适的色调，如图6-40所示。

图 6-40

02 将素材中的"6.5-BGM.wav"文件导入"项目"面板中，并拖曳到"时间轴"中。这是一段节奏感很强的音乐，本实例中将用它来进行音乐波形的制作。

执行菜单中的"图层"→"新建"→"纯色"命令［快捷键是 Command+Y (macOS) 或 Ctrl+Y (Windows)］，放在时间轴的最上层。再为该图层执行菜单中的"效果"→"生成"→"音频频谱"命令，并在"效果控件"面板中设置该效果的"音频层"为"6.5-BGM.wav"图层，按空格键预览，会看到画面中出现了随着音乐节奏跳动的红色音频线，如图 6-41 所示。

图 6-41

03 在"效果控件"面板中，设置"音频频谱"命令的"起始点"和"结束点"，将该波形放在收录机中间的显示屏幕上。其他的参数可以视具体情况进行调整，如图6-42所示。

图 6-42

04 将音波图层复制一份，使用"椭圆工具"在新音波图层上沿着左侧喇叭绘制一个圆形。在"效果控件"面板中，将"路径"属性设置为新绘制的"蒙版1"，这时会看到新的音波将沿着绘制的圆形路径跳动。

　　将"显示选项"设置为"模拟谱线"，使音波变成一条抖动的线，再将"面选项"改为"A面"，这样谱线就会只向内部抖动，再把"颜色"改为蓝色，如图6-43所示。

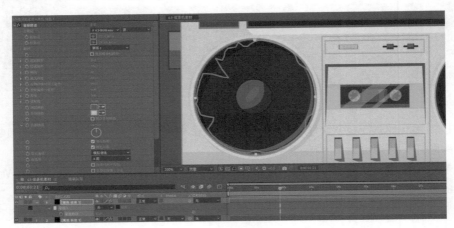

图 6-43

05 谱线只有一条显得过于单一，选中该图层，执行菜单中的"效果"→"时间"→"残影"命令，在"效果控件"面板中设置"残影数量"为8，使谱线增加到8条，再调整"衰减"为0.6，让谱线的颜色互不相同，使画面效果更加丰富，如图6-44所示。

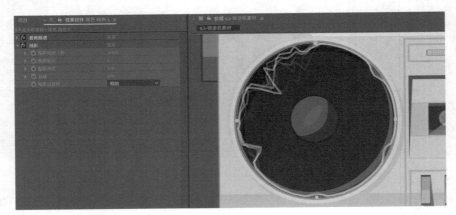

图 6-44

06 将圆形谱线图层复制一份，移动到右侧喇叭处，在"效果控件"面板中修改"显示选项"为"模拟频点"，这时谱线将变成一个个频点，在圆形内部随着音乐节奏跳跃，把"内部颜色"和"外部颜色"都修改为红色，和左侧喇叭区分开，如图6-45所示。

图 6-45

现在画面中就有了3种不同的音波效果，分别是数字、模拟谱线和模拟频点，这3种音波动画随着同一段音乐的节奏一起跳动着，如图6-46所示。

图 6-46

6.5.2 使用表达式制作节奏动感

接下来要制作收录机上的喇叭随着音乐节奏震动的效果，这就需要先把音乐节奏转换成能使用表达式的关键帧。

01 在时间轴中选中音乐图层，单击鼠标右键，在弹出的菜单中执行"关键帧辅助"→"将音频转换为关键帧"命令，然后时间轴中会出现一个新的"音频振幅"图层，打开后能看到图层属性中，每一帧都添加了关键帧，如图6-47所示。

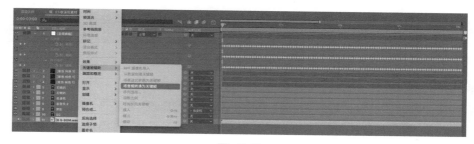

图 6-47

02 打开"左喇叭"图层的"缩放"属性，拖曳它右侧的"属性关联器"到"音频振幅"图层的"两个通道"的"滑块"属性上，使两个不同图层的属性关联在一起。这时会看到画面中的左喇叭变得非常小，这时因为"音频振幅"图层的属性的参数很小，导致"左喇叭"图层的"缩放"属性的参数也变小了，如图6-48所示。

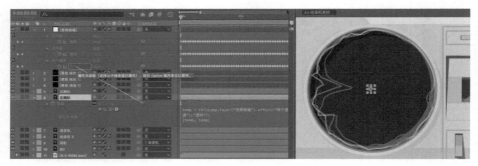

图　6-48

03 双击"左喇叭"图层右侧的表达式，在结尾的两个temp单词后面各添加"+100"的文字，将"缩放"参数在原表达式的基础上各增加100的数值，这样左喇叭的大小就正常了，如图6-49所示。

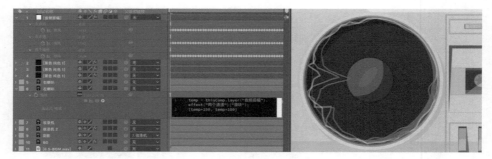

图　6-49

04 用同样的方法为"右喇叭"添加表达式，或者把"左喇叭"图层复制一份并放在右喇叭的位置也可以，这样播放动画，就会看到两只喇叭随着音乐的节奏开始震动起来了，此时的时间轴如图6-50所示。

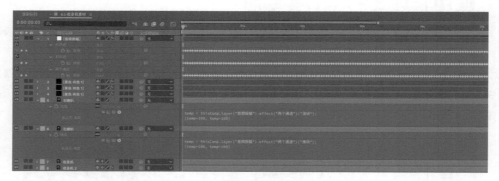

图　6-50

05 将"收录机"图层复制一份，放在原图层下层，执行菜单中的"效果"→"模糊和锐化"→"高斯模糊"命令，调整"模糊度"为50。将其"缩放"属性关联到"音频振幅"图层的"两个通道"属性上，在表达式末尾的两个"temp"后面各添加"+80"的文字，再调整"不透明度"为15%，这样播放动画，就能看到收录机的残影随着音乐节奏在跳动，如图6-51所示。

06 新建一个纯色图层，执行菜单中的"效果"→"生成"→"CC Light Sweep"命令，并把该效果的"Width"（宽度）属性关联到"音频振幅"图层的"两个通道"属性上，并在表达式的末尾添加"+150"的文字，这样可以使扫光效果随着音乐节奏晃动，如图6-52所示。

图 6-51　　　　　　　　　　　　　　　　图 6-52

最终完成的文件是素材中的"6.5-音乐波形动画.aep"文件，有需要的读者可以自行打开查看。

📝 **本章小结**

　　本章介绍了物体动画的基本原理，并将这些原理应用到了实例中。物体动画的设计原则和原理是利用空间和时间传递信息的关键。

　　在动画中，物体不只是一个物体，它就像一个演员一样，在画面中运动着、表演着。如果它的运动不符合动画原理，就像是一个演员的演技拙劣一样，很容易就会给观众带来不好的体验。

　　因此，大家需要认真学习本章的内容，并将学习到的动画原理用在后面的动画制作和学习中。

🎯 **练习题**

　　1. 制作一段小球向前弹跳，并最终停止运动的动画。

　　2. 找到两个相对应的物体，例如铅笔和橡皮擦、羽毛球和羽毛球拍等，制作两个物体相互接触、碰撞、交互的动画。

7

角色动画的设计与制作

第0帧　　　　第05帧　　　　第10帧

第15帧　　　　第20帧　　　　第25帧

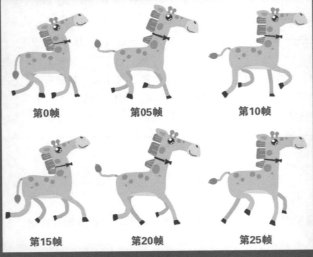

7.1 角色基础动作概述

人们总有一种内在的迫切愿望，想将他们看到的世界上的所有事物以某种形式呈现出来。日常生活中，常伴人类左右的小动物的种种行为成为人们绘画、雕塑以及其他常见造型方式的表现对象。随着创作技术的逐渐成熟，人们开始尝试捕捉生物的运动——张望、跳跃、打斗等。最终，人们开始寻求对表现对象精神世界的精准刻画。出于某种原因，人类内心产生了强烈的表达欲望，即创作出个性化的生命体——具有内在力量、生命活力及区别于其他个体特征的、鲜活可信的个体，这就是对生命幻想的实现。[①]

在动画中，角色默认指人物，但很多情况下，一些可爱的小动物也被拟人化，甚至没有生命的桌椅板凳、简单的几何体，也被添加了五官和四肢，作为角色出现在动画中，如图 7-1 所示。

图 7-1

本章所要介绍的角色基础动作指的是人物的基础动作；而部分动物、物体甚至几何体被拟人化后，它们产生的基础动作也被视为角色基础动作。

什么是基础动作？准确地讲，就是走、跑、跳这些常用的动作。而在这些动作中，行走动作是重中之重，掌握了角色的行走动作，其他动作便能举一反三，毕竟这些基础动作的运动规律有很多相似的地方。

人的行走动作是复杂多变的，但基本规律是相似的。人行走的基本规律为：两脚交替向前，带动躯干朝前运动，为了保持身体平衡，双臂需要前后摆动。双臂同双腿的运动方向正好相反，例如右腿向前抬起时，右臂向后运动。人在行走时总要一条腿支撑，另一条腿才能抬起跨步。因此，当双脚着地时，头顶就略低；当一只脚着地另一只脚抬起时，头顶就略高。这样，角色在行走过程中，头顶必然形成波浪形运动，如图 7-2 所示。

图 7-2

---

① ［英］弗兰克·托马斯，奥利·约翰斯顿. 生命的幻象：迪斯尼动画造型设计［M］. 方丽，等，译. 北京：中国青年出版社，2011：47.

　　行走动作的中间过程一般来说是比较平均的运动，但在特殊情况下，可能会有不同的变化，这样运动起来非常富有节奏感。

　　除此之外，角色的情绪也会对行走动作产生不同的影响，例如情绪低落时，走路的姿势是"垂头丧气"的，而且走得比较慢；得意忘形时，走路的姿势是"趾高气扬"的，而且走得比较快。因此，行走动作需要在特定的场合下进行合理的调整。

7.2 示范实例——Q版卡通角色动画

　　本节讲的就是如何使用 After Effects 制作一只卡通小鸡侧面走路的动画，如图 7-3 所示。

图　7-3

01 将素材中的"7.2-Q版小鸡角色素材.ai"文件导入"项目"面板中，设置"导入种类"为"合成"，"素材尺寸"为"图层大小"。进入该合成中，会看到小鸡这个角色被分为了前腿、翅膀、身体、尾巴和后腿5个图层，如图7-4所示。

图　7-4

📺 **技术解析**

　　如何给角色的各个部位分图层是很多初学者感到困惑的地方。

　　简单来讲，在制作角色动作之前要有一个明确的思路，即这个角色要做一个什么样的动作，然后考虑这个角色的哪个部位需要单独运动，单独运动的部位需要单独分一个图层。

举个例子，如果这个角色只是歪一下头，那么整个头部就可以是一个图层。但如果这个角色要在歪头的同时眨一下眼睛，那眼睛就是单独运动的部位，就需要单独分一个图层。

02 使用"向后平移（锚点）工具"，设置各个部位的中心点的位置，这个位置决定了该部位旋转时的中心。身体的中心点设置在身体最下面的中间位置，翅膀的中心点设置在翅膀根部，尾巴的中心点设置在尾巴根部，两条腿的中心点设置在大腿根部，如图7-5所示。

图 7-5

在第6章介绍的动画原理中，有一条叫作顺画法和定点画法（Straight Ahead Action and Pose to Pose），本实例使用的是定点画法（Pose to Pose）。简单来说，定点画法就是把一个动作分解成几个姿势，再分别把这几个姿势摆出来，然后让计算机生成两个姿势的中间帧。本实例中就使用这种在动画业界简称为"P to P"的方式来调整动作。

一般情况下，行走动画要先做原地踏步的循环动作，然后把该循环动作作为合成进行位移。做行走动画的时候，一个循环是两步，前后腿各一步，然后将这个动作不断循环，就可以形成连续行走的动作。

03 将合成的"持续时间"设置为1秒，打开5个图层的"位置"和"旋转"属性，在第0帧添加关键帧，调整小鸡的动作，让它的前腿踢到最高处，后腿作为支撑腿撑在地面上，身体后仰。调好后，将第0帧的所有关键帧都复制到第24帧，使起始帧和结束帧的状态保持一致，这样才能形成循环动画，如图7-6所示。

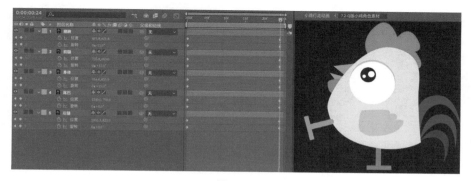

图 7-6

04 在第13帧处，将5个图层的"位置"和"旋转"属性添加关键帧，并将前腿和后腿的位置互换，相当于迈出了另一条腿，其他部位则保持不变，如图7-7所示。

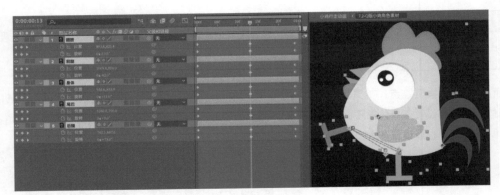

图 7-7

05 在第7帧处，将小鸡调整为前腿支撑身体，后腿向后提起的姿势，并让身体前倾，翅膀向下垂一些，如图7-8所示。

图 7-8

06 把第7帧的关键帧都复制到第19帧处，将小鸡的前腿和后腿的位置互换，按空格键预览，会看到小鸡开始原地走起来了，如图7-9所示。

图 7-9

07 新建一个1080P、持续时间为5秒的合成，命名为"小鸡行走动画"。新建白色的纯色图层作为背景，再导入素材中的"7.2-桌面场景素材.ai"文件，放在背景层的上层。

把做好的小鸡循环动画"7.2-Q版小鸡角色素材"合成拖曳到新合成的时间轴上，会发现循环动画只有1秒，如图 7-10 所示。

图　7-10

如果按照之前学习的制作循环动画的方法，需要为每个图层的属性都添加表达式，工作量会比较大。这里需要使用新的方法来制作循环动画。

08 选中"7.2-Q版小鸡角色素材"图层，执行菜单中的"图层"→"时间"→"启用时间重映射"命令［快捷键是Option+Command+T（macOS）或Ctrl+Alt+T（Windows）］，这时该图层会增加一个新的"时间重映射"的属性，并在起始处和结尾处都自动生成一个关键帧。

按住 Option 键（macOS）或者 Alt 键（Windows），单击"时间重映射"属性前面的小秒表按钮，打开表达式的输入框，再单击"表达式：位置"右侧的"表达式语言菜单"按钮，在弹出的浮动菜单中执行"Property"→"loopOut(type = "cycle", numKeyframes = 0)"命令，如图 7-11 所示。

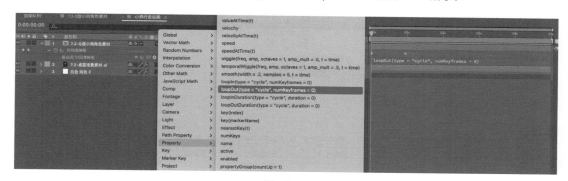

图　7-11

将鼠标指针放在该图层最右侧，当它变成左右箭头的形状时，向右拖曳到时间轴的最右侧，使图层的持续时间增加，这时按空格键预览，就发现小鸡行走动画已经循环播放了。

09 这时播放动画会发现一个问题，即在第1秒的位置，画面中该图层的小鸡消失了。这是因为添加了"时间重映射"命令后，会在结尾多出一帧空白帧。

选中"7.2-Q 版小鸡角色素材"图层，执行菜单中的"图层"→"时间"→"在最后一帧上冻结"命令，或者在时间轴中单击鼠标右键，在浮动菜单中执行该命令，就可以把"时间重映射"的最后一帧空白帧冻结住，再播放动画，就会发现小鸡行走动画正常了，如图 7-12 所示。

图　7-12

10 在第0帧为 "7.2-桌面场景素材.ai" 图层的 "位置" 属性添加关键帧，在第5秒处将桌面场景向右侧拖曳，做出整个场景向画面右侧移动的动画。

使用 "椭圆工具"，在小鸡的脚下绘制阴影效果，增加立体感。

选中 "7.2-Q版小鸡角色素材" 图层，执行菜单中的 "图层" → "图层样式" → "描边" 命令，为小鸡添加灰色描边效果，和桌面场景的灰色描边美术风格保持一致，最终效果如图 7-13 所示。

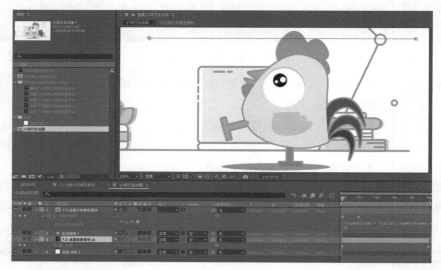

图　7-13

最终完成的文件是素材中的 "7.2-Q版卡通角色动画 .aep" 文件，有需要的读者可以自行打开查看。

7.3 示范实例——角色的软体动画

After Effects 的工具栏中有一套人偶工具，这是 After Effects 中用来制作角色控制器的工具，可以在位图或矢量图上设置控点，并使用这些控点来制作变形效果。这套工具共有 5 个，分别是 "人偶位置控点工具" "人偶固化控点工具" "人偶弯曲控点工具" "人偶高级控点工具" "人偶重叠控点工具"，如图 7-14 所示。

图　7-14

人偶位置控点工具：使用此工具布置控点，只能调整控点的"位置"属性。这些控点在用户界面中显示为黄色圆圈。

人偶固化控点工具：增加控点附近的网格密度。这些控点在用户界面中显示为红色圆圈。

人偶弯曲控点工具：使用此工具布置的控点可自动计算自身与周边控点的相对位置，同时还允许用户控制控点的"缩放"和"旋转"。这些控点在用户界面中显示为橙褐色圆圈。

人偶高级控点工具：可用于控制控点的"位置""缩放""旋转"属性。这些控点在用户界面中显示为绿色圆圈。

人偶重叠控点工具：这些控点在用户界面中显示为蓝色圆圈。

本节讲的就是如何使用人偶工具来制作小鹿角色的奔跑动画，效果如图 7-15 所示。

图　7-15

7.3.1　人偶控点的布置

01 导入素材中的"7.3-小鹿角色素材.ai"文件，这是一个由身体、后腿和尾巴3个图层组成的小鹿角色，如图7-16所示。

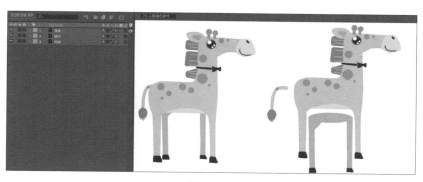

图　7-16

> 💻 **技术解析**
>
> 在使用人偶工具设置角色之前，对于角色的图形和图层，有以下几点需要注意。
>
> 1.两个或多个需要分开运动的物体不能靠得太近，否则会相互影响。例如本实例中，之所以把后面的两条腿单独分层，就是因为如果不单独分层，在设置后腿的控点的时候，会被前腿的控点影响，在图 7-17 中，调整前腿的控点，后腿也会发生改变。

2.每一个图层中的图形最好都是连在一起的整体，一个图层中最好不要出现多个图形，这样会导致一个图层中被创建多个"网格"，在后续制作时容易出现控点无法控制图形的情况。本实例中，小鹿两条后腿的上面部分连接在了一起，如图7-18所示。

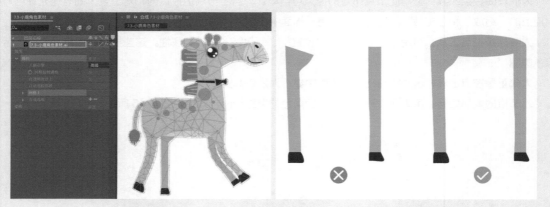

图　7-17　　　　　　　　　　　　　　　　　图　7-18

3.使用的角色尽量是AI格式的矢量图，因为在制作动画的时候，经常会把图形拉伸、放大，如果是矢量图的话就可以单击"连续栅格化"按钮，使图形始终保持清晰。而PSD、JPG格式的位图，因为像素的限制，拉伸、放大后有可能会出现画质受损的情况。

02 一旦创建了人偶控点，会自动在其所在位置添加关键帧，所以为了后续制作动画方便，创建人偶控点之前，需要先把时间滑块移动到第0帧的位置。

使用工具栏中的"人偶位置控点工具"，并勾选右侧的"网格"选项，选中"身体"图层，分别单击右侧前腿的上部和下部，创建两个黄色的人偶位置控点，同时也会看到整个身体出现了灰色的三角形网格，移动右侧前腿下部的控点，会发现右侧前腿已经开始被控制并提起来了，如图7-19所示。

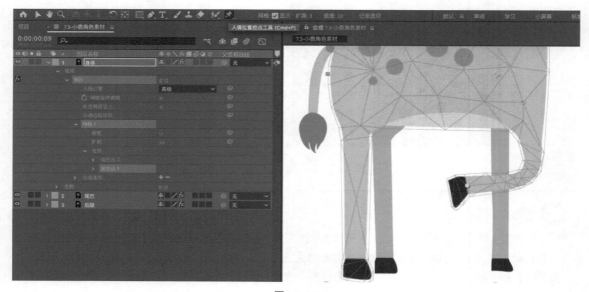

图　7-19

技术解析

　　"网格"是对人偶工具控制的色块部分进行的细分，当控点移动时，网格会改变形状以适应此移动，同时尽可能保持整个网格不变。网格密度越高，图形被划分得越细，变形就越精准。但这并不是说网格密度越高越好，太高的网格密度会占用更多的系统资源，使系统变慢，而且变形的效果有可能出现不平滑的现象。因此在设置网格密度的时候，要边设置边操作控点，并仔细观察变形效果，以达到最佳效果。

03 使用工具栏中的"人偶固化控点工具"，在右侧前腿由上而下单击3次，创建出3个红色的人偶固化控点，人偶固化控点是不能被移动的，它们的作用是细化控点周围的图形，可以看到腿部的网格更密了，如图7-20所示。

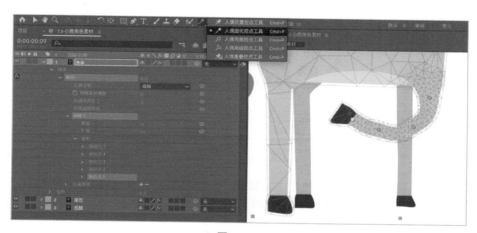

图 7-20

04 将右侧前腿向前踢出，会发现腿部的形状出现了问题，这就需要使用"人偶弯曲控点工具"，在大腿根部位置单击，就会出现一个橙褐色的人偶弯曲控点，旋转该控点，腿部会跟着旋转，这样就可以让腿部向前踢出的姿势正确，如图7-21所示。

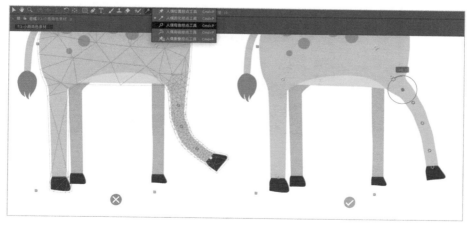

图 7-21

05 使用同样的方法，为左侧前腿添加人偶控点，如图7-22所示。

06 在小鹿的脖子处添加一个人偶位置控点，然后使用"人偶高级控点工具"，在小鹿的下颚处单击，创建出一个既可以移动又可以旋转的绿色人偶高级控点，如图7-23所示。

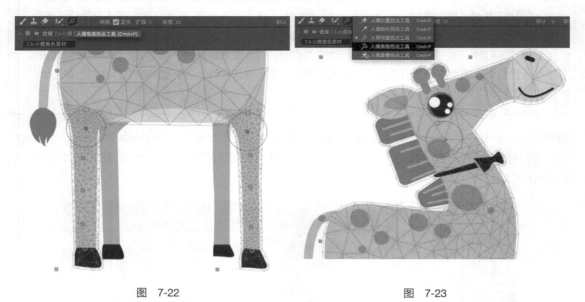

图　7-22   图　7-23

技术解析

　　在设置控点之前，要认真考虑清楚这个角色打算做什么样的动作，才能根据实际需求来创建控点。本实例中，因为打算要给小鹿做抬头和低头的动作，所以需要在下颚处进行旋转和移动控制，这就需要使用到两种控制兼有的"人偶高级控点工具"。

　　如果在设置完控点以后才发现需要不同的控点，也可以在时间轴中打开该控点的相关属性，在"固定类型"中修改控点的相关类型，如图 7-24 所示。

图　7-24

　　需要注意的是，"固定类型"下拉菜单中的"扑粉"就是指人偶固化控点。

07 按照刚才对前腿的操作，继续为"后腿"图层的两条腿设置控点，如图7-25所示。

08 进入"尾巴"图层，为尾巴设置控点，在尾巴根部设置人偶高级控点，使尾巴可以移动和旋转，如图7-26所示。

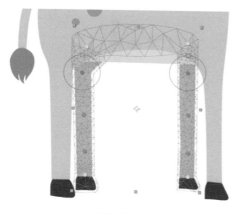

图 7-25

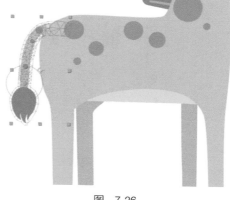

图 7-26

7.3.2 使用人偶控点制作角色动画

在制作角色动画的时候，一般都会保留一个原始的基础姿势，例如小鹿站立时的姿势，这样可以方便调节不同的动作。因此，在制作小鹿的蹦跳动作之前，应先把该站立姿势的合成在"项目"面板中复制一份，命名为"小鹿跑"，再打开"小鹿跑"合成，设置"持续时间"为 1 秒，"帧速率"为 30 帧 / 秒，用来制作小鹿跑的循环动画。

01 在第0帧的位置，调整3个图层中各个控点的"位置"和"旋转"属性，设置小鹿的姿势，然后把第0帧的所有关键帧复制到第30帧处，让起始帧和结束帧保持一致，这样才能做出循环动画的效果，如图7-27所示。

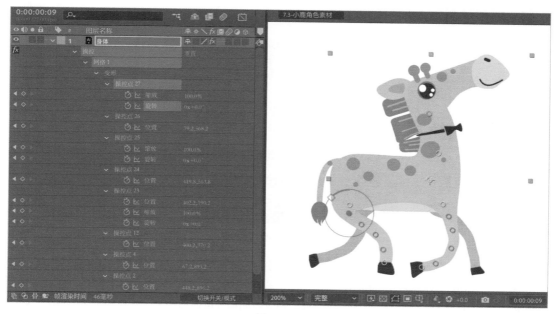

图 7-27

02 按照图7-28的姿势，分别在第0帧、5帧、10帧、15帧、20帧、25帧处，为小鹿调整不同的动作，连起来就会看到小鹿在原地奔跑起来了。

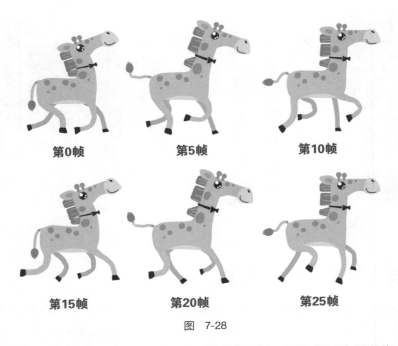

第0帧　　　　　　　　第5帧　　　　　　　　第10帧

第15帧　　　　　　　第20帧　　　　　　　第25帧

图　7-28

03 将"身体"图层作为"尾巴"图层和"后腿"图层的父级图层，打开"身体"图层的"位置"属性，调整小鹿在第7帧和第22帧的位置往上移动跳起的动画效果，如图7-29所示。

图　7-29

04 新建一个1080P、"帧速率"为30帧/秒、"持续时间"为3秒的合成，命名为"小鹿田野奔跑"，将刚才制作好的"小鹿跑"合成拖入时间轴中。

导入素材中的"7.3- 田野场景素材 .ai"文件，拖入时间轴底层作为背景。在起始帧和结束帧分别设置这两个图层的"位置"属性，做出整个场景向左移动的动画效果。

绘制一个黑色的椭圆，设置"不透明度"为 50%，放在小鹿身体下面作为投影，并设置其为"小鹿跑"图层的子级图层，跟着小鹿进行移动，如图 7-30 所示。

图 7-30

05 执行菜单中的"图层"→"新建"→"纯色"命令［快捷键是Command+Y（macOS）或Ctrl+Y（Windows）］，设置"颜色"为黑色，放在时间轴的最上层。

为该图层执行菜单中的"效果"→"生成"→"镜头光晕"命令，在"效果控件"面板中打开"光晕中心"属性的关键帧开关，在起始帧和结束帧分别把光晕中心放在背景中的太阳位置，播放动画就能看到光晕的移动动画效果，为画面增加光感，最终效果如图 7-31 所示。

图 7-31

最终完成的文件是素材中的"7.3- 角色的软体动画 .aep"文件，有需要的读者可以自行打开查看。

7.4 示范实例——动画角色肢体绑定

本节讲的是如何使用一款叫作 Duik Bassel 的插件，为一个女孩角色进行肢体绑定，效果如图 7-32 所示。

图　7-32

7.4.1 在Illustrator中设置图形

无论角色是在 Illustrator 中绘制，还是在 Photoshop 中绘制，在导入 After Effects 进行肢体绑定之前，都需要在各个软件中对角色的不同部分设置单独的图层，并处理各个关节的连接处。本节就以 Illustrator 为例，来演示一下角色的前期设置。

打开素材中的"7.4-动画角色素材 .ai"文件，这是一个在 Illustrator 中绘制的矢量女孩角色，如图 7-33 所示。矢量角色的最大优点就是可以无限放大。

选中不同的部位，剪切后粘贴到新图层中，将整个角色分为头部、右下臂、右上臂、右手、身体、左上臂、左下臂、左手、头发、腰部、右脚、右小腿、右大腿、左脚、左小腿、左大腿等不同图层，如图 7-34 所示。

图　7-33

图　7-34

　　在角色的关节处，例如肘关节、腕关节、膝关节、踝关节等，如果图形绘制得过于尖锐，在动画制作时就容易产生生硬的穿帮，如图 7-35 所示。

　　在制作动画之前，需要将各关节处进行柔和处理，使它们的连接处都有圆形重叠在一起，这样关节弯曲以后就不会出现穿帮的情况，如图 7-36 所示。

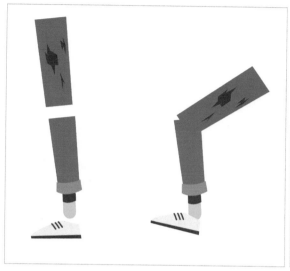

图　7-35

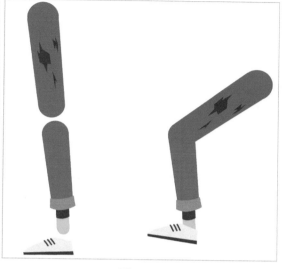

图　7-36

　　将女孩角色的每个关节处都进行这样的处理，角色拆分开以后，效果如图 7-37 所示。

　　这些关节的连接处在 Illustrator 中是很容易看到的，但是在导入 After Effects 后，只会显示各个图层的内容，连接处就看不到了，这就需要在导入 After Effects 之前先在各个连接处打上标记点。一般都会在"图层"面板最上面新建一个"标记点"图层，将各个标记点绘制出来，这样导入 After Effects 中设置完骨骼以后，就可以直接将该图层隐藏或删除掉，如图 7-38 所示。

图　7-37

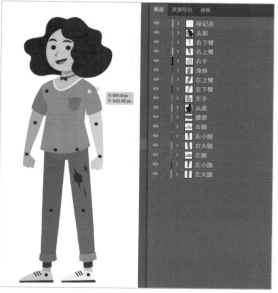

图　7-38

7.4.2 使用Duik Bassel插件绑定角色

Duik Bassel 是 Rainbox 出品的一款专业的综合角色动画和绑定 After Effects 插件，通过 Duik Bassel，使用者可以绑定复杂的角色，更加轻松地制作角色动画。Duik Bassel 是免费的，使用者可以在官方网站上直接下载使用。

> **技术解析**
>
> **Duik Bassel 插件的安装方法**
>
> 1. 打开 Duik Bassel 脚本文件夹，将其中的"Duik Bassel.2.jsx"复制，粘贴到计算机本地的 After Effects 脚本目录中，Windows 系统的路径一般是"C:\Program Files\Adobe\Adobe After Effects\Support Files\Scripts\ScriptUI Panels\"，macOS 系统的路径是"应用程序\Adobe After Effects CC\Scripts\ScriptUI Panels\"。
>
> 2. 进入 After Effects，执行菜单中的"编辑"→"首选项"→"脚本和表达式"命令（Windows）或"After Effects"→"首选项"→"脚本和表达式"命令（macOS），在打开的面板中，勾选"允许脚本写入文件和访问网络"选项，单击"确定"按钮关闭面板。
>
> 3. 执行菜单中的"窗口"→"Duik Bassel.2.jsx"命令，就可以打开"Duik Bassel.2"脚本的设置面板，正常使用该脚本了。

Duik Bassel 插件安装好以后，就可以把分好图层的角色导入 After Effects 里进行绑定了。

01 将素材中的"7.4-骨骼角色素材.ai"文件导入After Effects中，"导入种类"选择"合成"，"素材尺寸"选择"图层大小"，效果如图7-39所示。

02 打开"Duik Bassel.2"脚本的设置面板，先单击"绑定"，进入"骨架"菜单中，这里有手臂、腿、脊柱等不同的骨架设置，如图7-40所示。

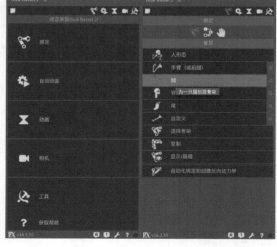

图 7-39   图 7-40

03 单击"腿"后面的圆形按钮弹出"腿部骨架"的设置面板，取消"趾"的勾选，因为现在的角色没有展示出脚趾。单击"创建"按钮，这时画面中会自动创建出一段腿部的骨架，且在时间轴中多出来"S|大腿""S|小腿""S|脚""S|脚尖"4个图层，并设置了父级图层的链接，如图7-41所示。

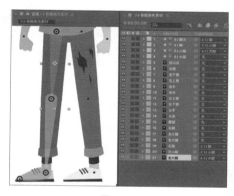

图 7-41

04 对照着之前绘制好的关节标记点，将这段骨骼的关节摆放在相应的位置，再在时间轴中将对应的"S|大腿"图层设置为"左大腿"图层的父级图层，同理，将小腿和脚的相关图层也做好父级图层链接，脚尖图层则不用设置，如图7-42所示。

05 用同样的方法制作出右腿的骨架，并设置好父级图层链接，如图7-43所示。

图 7-42   图 7-43

06 单击"手臂（或前腿）"后面的圆形按钮，弹出"手臂骨架"的设置面板，取消"肩"和"爪"的勾选，然后单击"创建"按钮，按照制作腿部骨架的方法，将两个手臂的骨架也制作出来，并在时间轴中设置好父级图层链接，如图7-44所示。

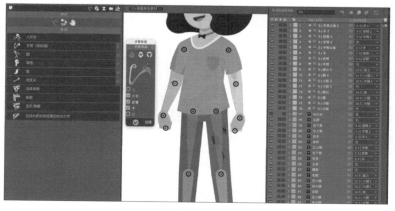

图 7-44

07 单击"脊柱"后面的圆形，在"脊柱骨架"的设置面板中单击"脊柱：2层"按钮，将数值改为1，这样脊柱就只会被创建出1层骨架。单击"创建"按钮，将几段骨骼分别放在髋、腰、脖子、下巴的位置，并在时间轴中设置好父级图层链接，如图7-45所示。

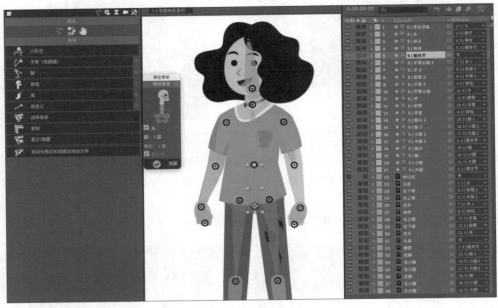

图　7-45

骨架创建完以后，"标记点"图层就没什么用了，将其删除或者隐藏都可以。

08 在时间轴中选中所有创建出来的骨架图层，在"Duik Bassel.2"脚本的设置面板中打开"链接和约束"面板，单击"自动化绑定和创建反向动力学"按钮，这时时间轴中会创建以字母C开头的控制图层，画面中也会出现手、脚等控制图标，使用"选取工具"可以通过选择并移动这些控制图标，实现对角色肢体的控制，如图7-46所示。

图　7-46

09 调整手和脚的控制器，如果发现关节有弯曲方向错误，可以选中该控制器图层，在"效果控件"面板中勾选或取消勾选"Reverse"属性，将关节的弯曲方向纠正回来，如图7-47所示。

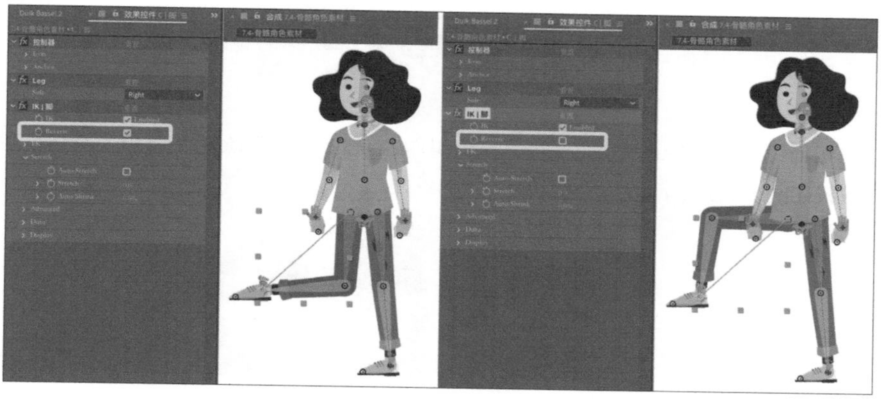

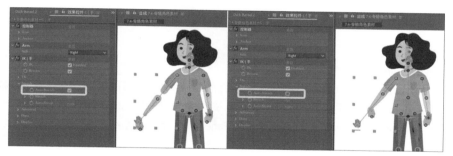

图　7-47

10 使用控制器尽量往远处移动，如果发现关节有脱离的现象，可以选中该控制器图层，在"效果控件"面板中取消"Auto Stretch"的勾选，使关节始终连接在一起，如图7-48所示。

图　7-48

11 这样整个角色的骨架就制作完成了，如果想让角色动起来，可以选中所有的控制图层，在"Duik Bassel.2"脚本的设置面板上打开"自动动画"面板，单击"步行循环动画"按钮，时间轴中会自动生成一个"C|步行循环动画"图层，按空格键预览，就会看到角色自动生成了行走的动画效果，如图7-49所示。

图　7-49

如果想调整行走动画的效果，也可以选中"C| 步行循环动画"图层，在"效果控件"面板中调整相关参数。最终完成的文件是素材中的"7.4-角色骨骼动画 .aep"文件，有需要的读者可以自行打开查看。

7.5 示范实例——角色表情动画

本节讲的是如何综合使用 Duik Bassel 和另一款叫作 Joysticks'n Sliders 的插件，制作角色的面部绑定和表情动画，效果如图 7-50 所示。

图 7-50

Joysticks'n Sliders 是由一名叫作 Mike Overbeck 的角色动画师开发的一款 After Effects 插件，是一款基于关键帧的属性连接系统，被广泛地应用于角色面部绑定和表情动画制作。

技术解析

Joysticks'n Sliders 插件的安装方法

1. 打开 Joysticks n Sliders 脚本文件夹，将其中的"Joysticks_n_Sliders.jsxbin"复制，粘贴到计算机本地的 After Effects 脚本目录中，Windows 系统的路径一般是"C:\Program Files\Adobe\Adobe After Effects\Support Files\Scripts\ScriptUI Panels\"，macOS 系统的路径是"应用程序\Adobe After Effects CC\Scripts\ScriptUI Panels\"。

2. 进入 After Effects，执行菜单中的"编辑"→"首选项"→"脚本和表达式"命令（Windows）或"After Effects"→"首选项"→"脚本和表达式"命令（macOS），在打开的面板中勾选"允许脚本写入文件和访问网络"选项，单击"确定"按钮关闭面板。

3. 执行菜单中的"窗口"→"Joysticks_n_Sliders.jsxbin"命令，就可以打开"Joysticks_n_Sliders"脚本的设置面板，正常使用该脚本了。

Joysticks'n Sliders 插件的设置面板中按钮的作用

Joysticks'n Sliders 没有中文版本，该插件的设置面板中，各个按钮的作用如图 7-51 所示。

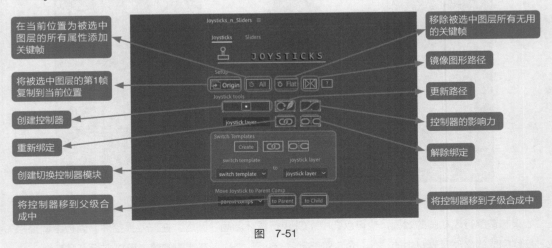

图 7-51

7.5.1 使用Joysticks'n Sliders插件绑定角色面部

01 将素材中的"7.5-角色表情脸部素材.ai"文件导入After Effects中，"导入种类"选择"合成"，"素材尺寸"选择"图层大小"。

打开"7.5-角色表情脸部素材"合成，按快捷键 Command+K（macOS）或 Ctrl+K（Windows）打开"合成设置"面板，修改"高度"和"宽度"为 1280 像素。创建一个"空 1"图层，把它设置为所有图层的父级图层，调整它的"位置"和"缩放"属性，使角色头部处于画面正中间，再创建一个纯色图层作为背景，如图 7-52 所示。

02 将"头发"图层复制一份，放在"刘海"图层的上层，在"刘海"图层的TrkMat下拉菜单中选择"Alpha遮罩头发2"，将刘海的显示范围控制在头发内部。

将"嘴巴"图层设置为所有隐藏的"嘴巴"开头图层的父级图层，同样，将"眼睛"图层设置为两个隐藏的"眼睛"开头图层的父级图层，如图 7-53 所示。

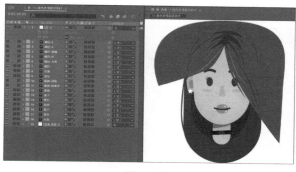

图　7-52

图　7-53

03 分别选中要调整的图层，并打开它们要调整的属性，在第1帧处给这些属性添加关键帧。保持这些图层的被选中状态，将时间滑块移动到第2帧，打开"Joysticks_n_Sliders"脚本的设置面板，单击左上角的"Origin"按钮，将第1帧的所有关键帧复制到第2帧。按照同样的操作，将这些关键帧复制到第3、4、5帧处，如图7-54所示。

图　7-54

使用 Joysticks'n Sliders 插件制作角色面部绑定的原理，是按照中、右、左、上、下的顺序，分别在第1～5帧的位置处将角色的面部摆好，从而建立角色面部绑定的控制器。

04 在刚才设置的5个关键帧的位置，分别调整各个图层的"位置""旋转""缩放"等属性，使角色的面部呈现居中、向右看、向左看、向上看和向下看的状态，如图7-55所示。

居中
第1帧　　向右看
第2帧　　向左看
第3帧　　向上看
第4帧　　向下看
第5帧

图　7-55

05 选中所有图层的所有关键帧，单击"Joysticks'n Sliders"脚本设置面板中的创建控制器按钮，在弹出来的窗口中输入控制器的名字"face"，单击"OK"按钮，如图7-56所示。

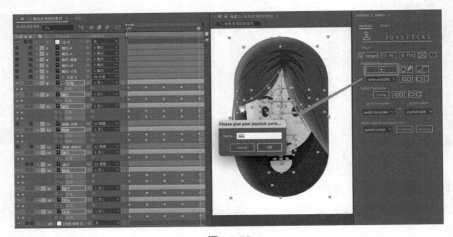

图　7-56

06 这时会看到所有图层的关键帧都消失了，画面中间出现了一个虚线边框的矩形，该矩形中有一个白色矩形。拖曳中间的白色矩形，会发现整个角色的面部随着白色矩形位置的变化，开始出现向各个方向看的效果，如图7-57所示。

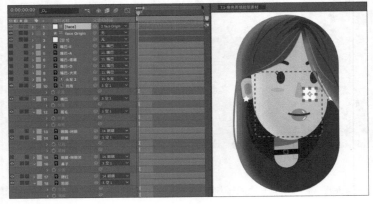

图　7-57

07 控制器分为两个图层，分别是外框图层和控制点图层，其中外框图层是控制点图层的父级图层。选中外框图层，移动到画面的右上角，并调整外框的描边颜色为红色。选中控制点图层，按快捷键Shift+Command+Y（macOS）或Shift+Ctrl+Y（Windows），在"纯色设置"面板中修改"颜色"为红色，再输入文字"face"，调整"颜色"为红色，移动到控制器的上面，并设置为外框图层的子图层，如图7-58所示。

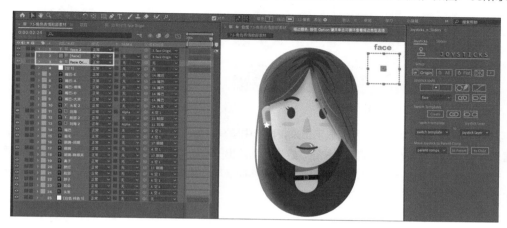

图 7-58

这样角色的面部绑定就完成了，如果测试发现角色的面部效果不理想，可以单击"Joysticks'n Sliders"脚本设置面板中的解除绑定按钮，回到绑定之前的状态，调整有问题图层的关键帧，然后再次进行绑定即可。

王老师的碎碎念

其实使用Duik Bassel插件也可以实现类似的面部绑定，但是Duik Bassel插件只能链接各个图层的"位置"属性关键帧，无法对"缩放""旋转"等属性进行控制，所以在功能的全面性上不如Joysticks'n Sliders插件。因此目前在动画角色的面部绑定上，Joysticks'n Sliders插件是最常用的解决方案。

7.5.2 使用Duik Bassel插件制作眼部和口型控制器

一般情况下，角色的眼部和口型动画有两种制作方法，如下所述。

1. 直接在After Effects里绘制角色的眼部和口型，再使用路径形状来制作动画，这样就可以产生关键帧，就可以使用Joysticks'n Sliders插件对属性进行链接来制作绑定控制动画。

2. 在外部绘制好所有眼部和口型效果，导入After Effects中，根据需要调出不同的眼部和口型进行切换，这种制作方法不会产生关键帧，所以只能用Duik Bassel插件进行制作。

目前主流的制作方法是在外部进行绘制，例如在Photoshop或Illustrator中，有大量的相关素材可以直接使用，可以极大节省制作时间，本实例也是使用这种方法。

01 打开"Duik Bassel"脚本的设置面板，单击"连接器"右侧的圆形按钮，进入"高级连接器"面板中，单击"创建"左侧的第1个按钮，即"创建滑块控制器"按钮，如图7-59所示。

02 这时画面中会出现一个滑块控制器，分为两个图层，分别是外框图层和滑块图层，其中外框图层是滑块图层的父级图层。选中滑块图层，在"效果控件"面板中修改滑块和外框的"颜色"都为红色。再选中外框图层，将它们移动到画面的右侧，如图7-60所示。

 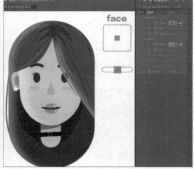

图　7-59　　　　　　　　　　　　　　　　　　　　图　7-60

03 将隐藏的所有"嘴巴"开头的图层显示出来，再选中所有"嘴巴"开头的图层，在"Duik Bassel"脚本的设置面板中单击"连接至不透明度"按钮，这时会创建出一个新的连接器图层，将它移动到控制器图层的下层。现在画面中就只会有一个嘴巴显示出来，横向移动滑块，会看到随着滑块位置的改变，画面会切换显示出不同口型的嘴巴，如图7-61所示。

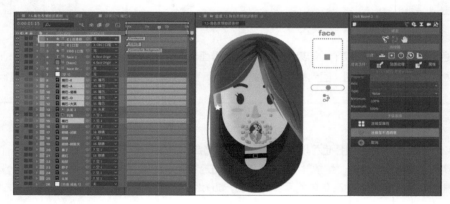

图　7-61

04 用同样的方法将眼睛的控制器制作出来，并放在画面的右侧，如图7-62所示。

图　7-62

　　需要说明的是，控制器的滑块由左到右，切换的图层顺序是由上到下的。

05 同类控制器如果过多，就容易搞混，可以输入文字放在相关的控制器上面，并将文字图层作为控制器图层的子图层，如图7-63所示。

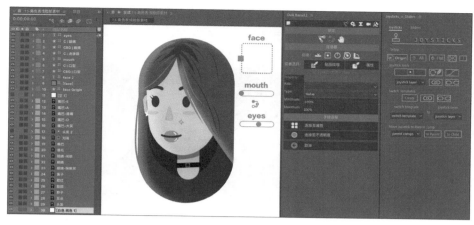

图 7-63

这样，角色的面部控制器就全部制作完成了，调整角色表情动画的时候，只需要给相关控制器的"位置"属性打关键帧就可以了。

7.5.3 使用控制器制作表情动画

01 将素材中的"7.5-说话声音素材.wav"文件导入"项目"面板中，并将它拖曳到时间轴中，连续按两次L键，打开声音文件的波形。这是一个女孩的声音，说了"我爱你"3个字，如图7-64所示。

图 7-64

在制作表情动画之前，先要对整个动画有一些规划。认真分析这段声音，前段和后段都是空白，只有中间有说话声音。所以可以在前段做女孩害羞抬头的动画，说完话以后，在后段做女孩微笑的动画。

02 制作女孩害羞抬头的动画。在第1帧的位置为3个控制器添加关键帧，做出女孩低头闭眼的动画。在第21帧的位置，将女孩调整为睁眼看向正前方，按空格键，会看到女孩有了抬头睁眼的表情动画，如图7-65所示。

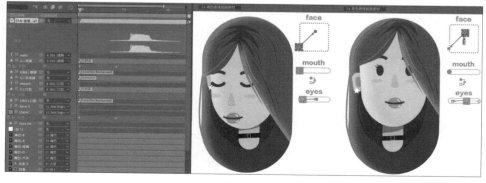

图 7-65

169

03 制作女孩说话的口型动画，拖曳时间滑块，找到声音文件中"我爱你"3个字的具体位置，并在该时间点拖曳"mouth"的控制器，调整出相对应的口型，如图7-66所示。

图　7-66

　　播放动画，可能会看到两个字之间口型会出现无序的切换。这是因为"mouth"控制器是横向线性移动的，两个口型之间会有其他的口型出现。解决方法也很简单，将两个口型的关键帧紧挨着放就可以了。例如 1 秒 03 处是"我"的口型关键帧，1 秒 06 处是"爱"的口型关键帧，原先中间会有两帧的过渡，现在则可以在 1 秒 05 处再打一个"我"的口型关键帧，这样就可以在下一帧直接切换到"爱"的口型了，如图 7-67 所示。

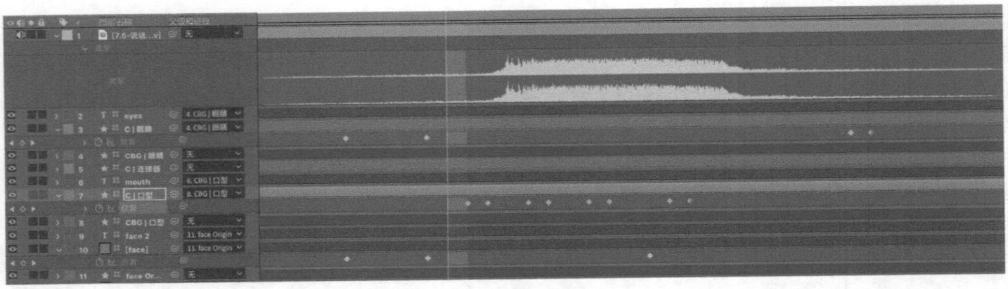

图　7-67

04 说完话以后，让女孩的眼睛眯起来，嘴巴也闭上，微微抬头，如图7-68所示。

图　7-68

最终完成的文件是素材中的"7.5-角色表情动画 .aep"文件，有需要的读者可以自行打开查看。

📝 **本章小结**

本章讲解了在 After Effects 中制作角色肢体动画和表情动画的方法。大家可能也发现了，本章中所有的角色都是在 Illustrator 中绘制，然后导入 After Effects 中进行绑定和动画制作的。这也是动画的正常制作流程，因为 After Effects 的强项是合成和制作动效，而角色的绘制一般都是在 Photoshop 或 Illustrator 这种专业的绘图软件中进行的。

在角色的绘制过程中，一定要提前考虑清楚，在制作角色动画的时候这个角色打算怎样运动，这样就可以有针对性地分图层进行绘制。

🎯 **练习题**

1. 绘制一个 Q 版角色形象，并在 After Effects 中制作它走、跑、跳的基础动作。

2. 给自己设计一个卡通形象，绘制出来并在 After Effects 中制作一段它的日常行为动画，要求有肢体动画和表情动画，时间长度在 10 秒左右。

8

影视合成
技术

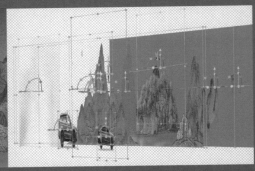

8.1 什么是影视合成

　　合成（Compositing）是将两种或多种不同来源的视觉元素组合成单个图像的过程或技术，可以产生无缝衔接的效果和一体感，通常是为了让观众产生这些不同场景的视觉元素都来自同一场景的错觉，可以应用在图片和视频领域。

　　影视合成就是将图片、视频等视觉元素有机地组合在一起，进行艺术性的再加工，并使画面运动起来，制作成影视作品。我们在制作的《大美江山图》动画短片中，就将实拍的汽车放入绘制的插画场景中，并加入了花瓣、仙鹤、烟雾等视觉元素，将它们有机整合成一部动画作品，如图 8-1 所示。

图 8-1

　　合成既处理具象的对象，也处理抽象的对象。具象合成是指拍摄的写实影像，要求达到逼真可信的效果，旨在模仿现实，赋予图像现实感。抽象合成是指选用不同元素制作出具有独特风格的图像，对写实和逼真度没有过高要求，但需具有一定的和谐感。[①]

　　具象合成：将来源不同的元素融合在一起，产生逼真自然之感。具象合成以传统的视觉效果为基础，需遵循严格的规则，运用透视、布光、明度、着色等重要的视觉原理，才能实现理想的合成效果。我们在为新华社制作的新闻纪实片《大桥上的秋千哥》中，将文字融入实拍的镜头中，并匹配了透视角度，使文字像是立在大桥中间一样，如图 8-2 所示。

　　抽象合成：以抽象的方式将各要素融合起来，形成无照相写实感的图像，非写实程度从轻微抽象到完全抽象，无论抽象程度如何，必须形成一个视觉模式以维系整个图像。即使没有严格遵守自然法则，抽象合成也要做到各要素和谐相融，浑然一体。许多具象合成中运用的透视、布光、明度、着色等重要的视觉原理同样适用于抽象合成。不过在抽象合成时，对规则的运用可灵活变通。我们在制作的商业广告片《防病毒口罩》中，将三维制作的口罩拆解成 5 个部分，并悬浮在画面中，文字也遵循透视和布光等视觉原理，有较强的立体感和空间感，再配合其他的视觉元素，实现了在现实中不可能出现的飘浮在空中的视觉效果，如图 8-3 所示。

图 8-2　　　　　　　　　　　　图 8-3

① ［美］奥斯丁·肖.动态视觉艺术设计［M］.陈莹婷、卢佳、王雅慧，译.北京：清华大学出版社，2018.

8.2 影视合成的步骤和处理方法

影视合成大概可以分为 3 个步骤，分别是素材收集、素材组合和素材处理。

素材收集： 参与合成的元素多种多样，需要根据要制作的最终效果来收集。可以把实拍的视频文件拷贝到计算机中，也可以从网络上合法下载相关的视频素材。如果视频素材无法导入 After Effects，还需要使用格式工厂、狸窝这种格式转换软件，将视频素材转换成无损的 AVI 或 MOV 格式。还可以在二维或三维动画软件中制作所需要的动画效果，并根据实际使用情况，输出带透明通道的序列图或 MOV 格式的视频文件。另外，还可能需要用到各种图片素材，包括主流的 JPG、PNG、TIF 格式的文件，或者 Photoshop 的源文件 PSD 格式的文件，Illustrator 的源文件 AI 格式的文件，以及能够保存深度通道的 EXR 格式的文件等。如果需要在 After Effects 中处理声音，也可以收集一些常用的音效或音乐，常用的音频格式有 WAV、MP3 等。

素材组合： 素材收集完成后，就要根据实际需要把不同的素材组合在一起。在 After Effects 中，各素材是利用图层进行组合的。这就需要调整素材的"旋转""缩放""位置"属性，使它们符合透视原理，组成一个完整的画面，如图 8-4 所示。

图 8-4

素材处理： 素材处理是影视合成中最重要的环节，包括但不限于蒙版处理、色彩处理、跟踪处理等。

蒙版（Mask）处理是影视合成的核心概念与技术，包括图像分割、移动、提取等。在数字技术发明之前的胶片时代，蒙版处理需要使用刀片或剪刀对胶片进行裁剪。现在可以在计算机中，使用 After Effects 等软件进行数字化的处理。

简单来说，蒙版就是将图像中的某个或多个部分从原始画面中分割出来。其中，最常用的就是抠像（Keying）了：人站在一张蓝色或绿色的幕布前进行拍摄，然后在后期软件中，将背景的蓝色或绿色部分抠除，只保留前景的人物。之所以使用蓝色或绿色的幕布，是因为人体没有蓝色和绿色的元素，不影响后期抠图，如图 8-5 所示。

图 8-5

色彩处理（Color Correction）是指通过调整图像颜色，传达一致的外部感受。在影视合成中，色彩处理帮助图像实现统一连贯。

影视合成的目的是营造统一感，色彩处理是实现这一目的的有效工具。在 After Effects 中，主要通过 Lumetri 范围和颜色来判断和调整色彩，如图 8-6 所示。

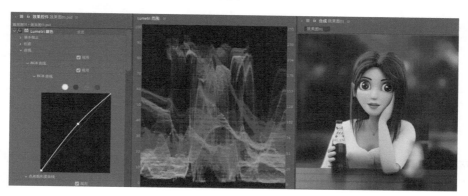

图 8-6

跟踪（Tracking）处理能够在后期合成中计算出摄像机的运动路径，对画面上指定的内容进行跟随操作。一般的操作是选择画面中的一个特征区域（有时称为跟踪点），由计算机自动分析，在动态图像上这个特征区域随着时间推进发生位置和形态的变化，从而得到一系列动态的"位置""旋转""缩放"属性的数据，而这些数据可以应用在另外的图像上，使之覆盖替换掉原画面中的某些区域，如图 8-7 所示。

图 8-7

8.3 示范实例——动画角色与场景的合成

在现代的动画制作中，团队都会有明确的分工，例如场景部门只负责场景的绘制，动作部门只负责角色动画的制作，然后交由合成部门，将场景和角色合成在同一个画面中。

本节讲的就是如何将角色动作的序列图和场景图合成在一起，制作出动画片中的一个镜头。图 8-8 所示是我们创作的动画短片《福利院的超级奶爸》中的一个镜头。

图　8-8

8.3.1 合成和动画的制作

01 将素材中的"8.3-动画场景.psd""8.3-动画道具实习证.psd""8.3-动画角色序列图"文件夹中的角色动作序列图导入"项目"面板中，PSD文件的"导入种类"设置为"素材"，序列图的导入需要先选中第一张图，勾选导入面板下面的"'PNG'序列"，再单击"打开"按钮。进入该合成中，200多张图片以一个序列图文件的形式导入After Effects中，如图8-9所示。

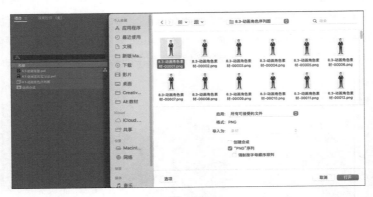

图　8-9

02 新建一个标准1080P的合成，"持续时间"设置为8秒，命名为"动画合成"。然后把场景和角色拖入时间轴中，调整"位置"和"缩放"属性，如图8-10所示。

图　8-10

这时需要观察画面效果，我们想让角色站在桌子的后面，但是因为场景没有分图层，现在角色只能站在整个场景的前面，这就需要通过绘制遮罩来进行蒙版处理。

03 将场景图层复制一份，放在角色图层上层。使用工具栏中的"钢笔工具"，在新复制的场景图层上，沿着桌子和上面物品的边缘进行绘制，将路径闭合后，就会看到桌子及上面的物品已经被提取了出来，放在了角色的前面，而角色站在了桌子的后面，如图8-11所示。

图　8-11

04 仔细观察场景，发现画面右侧有一扇窗户，会有光源照射在角色的左脸上，所以需要设置角色左边亮一些，右边暗一些。为角色图层添加"渐变叠加"图层样式，由右上向左下做出白色到黑色的渐变，混合模式改为"柔光"，再调整"不透明度"。为角色图层添加"斜面和浮雕"图层样式，为角色增加一些立体效果，调整前后的对比效果，如图8-12所示。

图　8-12

05 使用工具栏中的"矩形工具"，绘制从窗户射入室内的光线的形状，执行菜单中的"效果"→"生成"→"梯度渐变"命令，设置由左往右的黑白渐变，再将该图层的模式设置为"屏幕"，"不透明度"设置为60%。再添加"高斯模糊"效果，设置"模糊度"为60.0，让光线的边缘变得柔和，如图8-13所示。

图　8-13

06 将"项目"面板中的"8.3-动画道具实习证.psd"拖曳到时间轴的最上层，执行菜单中的"效果"→"扭曲"→"CC Bender"命令，让证件像一张纸那样弯曲一些。

打开证件的3D图层开关，并设置"位置"和"X轴旋转"属性，让证件在2秒13的位置向下移动出画面。同时添加"高斯模糊"和"亮度和对比度"效果，也在相应的位置添加关键帧，让证件在下落的时候越来越暗、越来越模糊，模拟出人眼看东西的主观视角效果，如图8-14所示。

图 8-14

07 为角色图层和最下层的场景图层添加"高斯模糊"效果，为"模糊度"添加关键帧，在2秒17处设置参数为20，在3秒11处设置参数为0，让证件移出画面以后，角色由模糊逐渐变清晰，如图8-15所示。

图 8-15

 王老师的碎碎念

在制作动画之前，一定要先了解剧本。例如现在做的这个镜头是全片的第一个镜头，最重要的内容是主角出场。在所有的影视作品中，主角不能一下子就出来，要有东西或事件去"引"一下。所以这个镜头模拟的是主角对面的面试官的主观视角。她拿起主角的证件看了一眼，再把证件放下，认真看了看主角。

根据这个思路，首先是证件放在镜头前，挡住主角。根据人的眼睛看物体聚焦的特性，盯着近处的证件看时，远处的场景和主角就是模糊的。同理，当证件放下的时候，远处的主角就变得清晰，所以要使用"高斯模糊"效果去模拟这种景深变化。

8.3.2 画面的整体调整

制作一部动画片不能只考虑合成的效果，还要考虑整体的画面效果能否吸引观众。因此还需要对画面进行整体调整。

01 在"项目"面板中，在"动画合成"合成上单击鼠标右键，在弹出来的浮动菜单中执行"基于所选项新建合成"命令，把新建的合成命名为"动画合成整体"。

进入"动画合成整体"合成，将"动画合成"图层复制一份放在上层，添加"高斯模糊"效果，设置"模糊度"为36，再执行菜单中的"效果"→"颜色校正"→"曲线"命令，将画面提亮一点儿。将该图层的模式改为"叠加"，"不透明度"改为30%，这样画面就有了淡淡的光晕效果，光感和质感更加强烈，如图8-16所示。

图 8-16

02 新建一个纯色图层，执行菜单中的"效果"→"生成"→"梯度渐变"命令，设置由左往右的黑白渐变，再将该图层的模式设置为"叠加"，"不透明度"设置为24%，使整个画面出现由右向左、由亮变暗的光感效果，如图8-17所示。

图 8-17

03 新建一个黑色的纯色图层，放在时间轴的最上层，选中该图层，使用工具栏中的"椭圆工具"，沿着画面绘制一个大的椭圆形，只留出画面的4个边角。打开该图层的"蒙版1"属性，勾选"反转"选项，调整"蒙版羽化"为420像素和420像素，"蒙版不透明度"为100%。这样就将画面的4个边角压暗，形成了暗角效果，如图8-18所示。

图 8-18

技术解析

　　暗角（vignette）处理即将画面的边角调暗，使观众的注意力集中到画面中心。

　　在 After Effects 中进行暗角处理时，通常新建一个黑色纯色图层，然后在画面的正中间加上一个边缘被过度羽化的椭圆形遮罩，再压低它的透明度。这种方法的好处是暗角的面积、形状、颜色、透明度都可以随意调整，可控性较强。

　　也可以执行菜单中的"效果"→"颜色校正"→"Lumetri 颜色"命令，然后在"效果控件"面板中调节它的"晕影"参数。但相关属性和参数较少，可控性较弱。

　　最终完成的文件是素材中的"8.3-动画角色与场景的合成 .aep"文件，有需要的读者可以自行打开查看。

8.4 示范实例——综艺花字合成特效

　　花字是对视频的后期字幕的一种代称，它有五颜六色的字体，同时附加各种动画、特效、图像和音效。花字是针对视频内容的二次创作而出现的形式。恰到好处的花字应用不仅能让视频场景锦上添花，还能让看似平淡的镜头变得更有意思。

　　本节讲的就是如何制作花字，并使其以一点跟踪的形式随着主角身体的运动而运动，以体现总结节目的效果，如图 8-19 所示。

图 8-19

01 新建一个1080P的合成，"持续时间"设置为5秒，命名为"综艺花字合成"。将素材"8.4-综艺花字素材"文件夹中的"IMG_1027.MOV"文件导入，并拖曳到时间轴中。

切换到"颜色"工作区，并为素材执行菜单中的"效果"→"颜色校正"→"Lumetri 颜色"命令，对照着"Lumetri 范围"面板调整素材颜色，如图 8-20 所示。

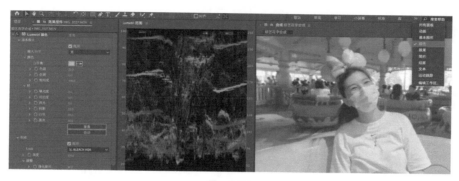

图 8-20

💬 技术解析

大多数剪辑、特效软件中都内置了对画面进行分析的相关工具，其中比较常用的有波形示波器（Waveform Monitor）、分量示波器、矢量示波器（Vectorscope）和直方图。这些工具可以生成一些图形，使调色师能够直观地看到画面中色相、饱和度和亮度等信息的分布情况，从而得出准确的判断。

我们以 After Effects 中默认的波形（RGB）为例来介绍一下其观察方式。

波形（RGB）在纵向上是对亮度信息的展示，纵坐标的顶部显示的是画面亮部的信息，底部则显示画面暗部的信息。这些信息包括红（Red）、绿（Green）、蓝（Blue）三色。

以图 8-20 为例，红色主要集中在上部，蓝色主要集中在下部，说明画面整体亮部偏红色，暗部偏蓝色。

---

02 将时间滑块移动到起始帧的位置，进入"跟踪器"面板，单击"跟踪运动"按钮。这时画面中会出现一个矩形的"跟踪点"，观察画面，找到一个自始至终都出现在画面中，而且在角色身上的"点"，例如这里我们选的是主角头上蝴蝶结中的一块阴影区，使用"选取工具"将"跟踪点"移动到该位置，单击"分析"后面指向右侧的播放键，即"向前分析"按钮，这时会看到视频开始播放，"跟踪点"始终跟着它所处的区域进行运动，分析完成以后，画面中会出现一个一个的位置点，这就是跟踪得到的每一帧的"位置"数值，如图8-21所示。

图 8-21

03 拖曳时间滑块观察是否有一段时间跟踪错误，例如这次捕捉，在1秒21处开始跟踪到其他地方去了，这就需要在该处使用"选取工具"，将"跟踪点"移动到正确的地方，再单击"向前分析"按钮，在该时间点的位置重新往后分析，如果在后面某个时间点又出错，可以重复该操作，直到整段时间的跟踪都正确为止，如图8-22所示。

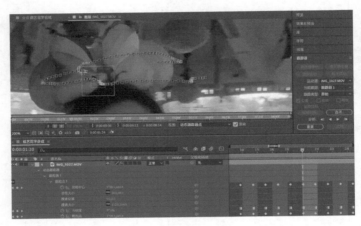

图 8-22

接下来需要将分析得到的位置信息链接到一个空图层上，用空图层去控制其他素材的位置。

04 新建一个空图层，选中视频素材，在"跟踪器"面板中单击"编辑目标"按钮（如果该按钮是灰色不可选状态，需要在"跟踪类型"的下拉菜单中选择"变换"），在弹出来的"运动目标"面板中，将"图层"设置为新建的空图层，单击"确定"按钮，再单击"应用"按钮，在"动态跟踪器应用选项"面板中设置"应用维度"为"X和Y"，单击"确定"按钮，如图8-23所示。

图 8-23

05 这时空图层的"位置"属性就会和"跟踪点"的位置关键帧保持一致了，将素材中的"发光.mov"文件拖入时间轴，将图层的"模式"改为"屏幕"，去掉它的黑底，然后在起始帧处把它放在主角头上的合适位置，再把空图层设置为它的父级图层，按空格键预览，就会看到发光效果始终在主角的头上进行运动，如图8-24所示。

图 8-24

06 将素材"8.4-综艺花字素材"文件夹中的文件导入"项目"面板中，这里面有几十种不同的花字效果，可以挑选合适的花字拖入时间轴，按照刚才的操作将它们放在主角的旁边，并将空图层设置为它们的父级图层，如图8-25所示。

图 8-25

07 拖曳时间滑块预览，会发现左右两侧的文字出现移动过度的情况，这是由于跟踪的是头部的点，而文字是跟着身体运动的。这时可以单独给随着身体移动的物体的"位置"属性打关键帧，使它们随着身体进行移动。

再加上相关的字幕效果，最终效果如图 8-26 所示。

图 8-26

最终完成的文件是素材中的"8.4-综艺花字合成特效.aep"文件，有需要的读者可以自行打开查看。

8.5 示范实例——酷炫的实拍跟踪特效

After Effects 中跟踪的形式有好几种，8.4 节介绍的是针对物体本身的"跟踪运动"技术，本节将介绍如何使用 After Effects 的"跟踪摄像机"技术，结合实拍的视频，令特效在真实的三维空间中跟踪，制作出酷炫的效果，如图 8-27 所示。

图 8-27

01 新建一个1080P的合成，"持续时间"设置为8秒，命名为"摄像机跟踪"。将素材"8.5-酷炫的实拍跟踪特效素材"文件夹中的"实拍手表素材.mp4"文件导入After Effects中，并拖曳到时间轴上。[①]

这是一段实拍的素材，戴着手表的手入镜，然后晃动了几下。这段素材中有固定不动的场景，还有一直晃动的手臂，如果直接进行摄像机跟踪会导致跟踪混乱，因为软件不知道要跟踪什么物体，这就需要单独把要跟踪的手表部分抠出来。

因为素材前 1 秒手表并未入镜，所以将"入"的时间设置为–1 秒，这样前 1 秒的素材就被跳过了，等跟踪完成后再显示前 1 秒的画面，如图 8-28 所示。

图 8-28

02 使用工具栏中的"椭圆工具"绘制一个覆盖住手表的圆形，并将其设置为素材视频的Alpha遮罩层，再打开圆形图层的"位置"属性，拖曳时间轴上的时间滑块，使圆形始终覆盖手表部分，这样画面中就只有手表，其他部分隐藏掉了，如图8-29所示。

03 将两个图层都选中，单击鼠标右键，在弹出的浮动菜单中执行"预合成"命令，在弹出来的"预合成"

---

① 该视频素材由河南省开封市党员教育中心的刘尧老师提供。

面板中单击"将所有属性移动到新合成",然后单击"确定"按钮,这样两个图层就被设置成了一个新的合成,如图8-30所示。

图 8-29　　　　　　　　　　　　　　　图 8-30

04 选中"预合成1"图层,单击"跟踪器"面板中的"跟踪摄像机"按钮,这时软件就开始自动对素材进行分析,画面中也会出现相应的文字信息,如果在分析的过程中想要取消,可以在"效果控件"面板中选择"3D摄像机跟踪器"效果,按Delete键,如图8-31所示。

图 8-31

05 分析完成以后,画面中会多出很多不同颜色的"跟踪点",将鼠标指针放在上面,会出现红色的标靶。拖曳时间轴上的时间滑块,找到从始至终都存在于画面中的"跟踪点",将鼠标指针放在它附近,形成正确的红色标靶后,单击鼠标右键,在弹出的浮动菜单中执行"创建空白和摄像机"命令,如图8-32所示。

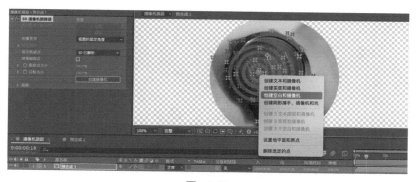

图 8-32

06 这时时间轴中会多出一个空图层和一个3D摄像机图层,跟踪完成后,预合成里面的遮罩就没有用了,进入预合成把遮罩删除,并将实拍视频"入"的时间调回0,让前1秒的画面重新显示,再回到"摄像机跟踪"合成,把空图层和3D摄像机图层"入"的时间改为1秒,使它们从1秒后,即手表入镜以后再跟踪,如图8-33所示。

图　8-33

07 将素材"8.5-酷炫的实拍跟踪特效素材"文件夹中的"HUD-停止警告STOP.mp4"文件导入，并拖到时间轴中。修改它的图层"模式"为"相加"，再打开它的3D图层开关，按Option键（macOS）或者Alt键（Windows），将它作为子级图层链接到空图层上，最后将它移动到手表的位置，按空格键预览，就会看到该效果一直跟着手表进行运动，如图8-34所示。

图　8-34

08 素材"8.5-酷炫的实拍跟踪特效素材"文件夹中还提供了很多不同的特效和音频素材，可以按照同样的方法，根据自己的审美和喜好将这些素材摆放在画面中，也可以使用"文字工具"制作一些文字特效。

选中"预合成 1"图层，执行菜单中的"效果"→"颜色校正"→"Lumetri 颜色"命令，将亮度降低以突出制作的特效部分，最终效果如图 8-35 所示。

图　8-35

最终完成的文件是素材中的"8.5-酷炫的实拍跟踪特效 .aep"文件，有需要的读者可以自行打开查看。

8.6 示范实例——绿幕抠像技术

本节讲的是如何使用 After Effects 的抠像（Keying）技术将使用绿幕拍摄的素材抠除背景，并合成在直播间中，如图 8-36 所示。

图　8-36

01 新建一个1080P的合成，设置"持续时间"为20秒。将素材中的"8.6-绿幕实拍素材.MXF"文件导入 After Effects中，并拖到时间轴中。因为视频素材的前15秒是准备阶段，所以可以将"入"的时间改为 –15 秒，使视频素材从第15秒开始播放，如图8-37所示。

图　8-37

绿幕素材一般会在专业的绿幕房拍摄，灯光会把整个绿幕均匀照亮，绿幕上不会有任何褶皱来产生阴影或高光，而且通常这样的视频都是用较为高端的拍摄设备，以超高清的模式拍摄的，素材文件会很大，这样导入 After Effects 中更有利于进行精细的抠像处理。图 8-38 所示就是实例素材的拍摄场地。

图　8-38

02 执行菜单中的"效果"→"Keying"→"Keylight（1.2）"命令，在"效果控件"面板中单击"Screen Colour"属性右侧的"吸管工具"，单击画面中的绿幕，会看到画面中的绿幕都消失了，但仔细观察，会看到有的地方抠得不是很干净，还有一些残留的绿幕，调整"Screen Gain"参数为120.0，这样画面中的绿幕就基本上抠除干净了，如图8-39所示。

图　8-39

03 画面的左上角和右上角各有一块黑色，这是拍摄时入镜的灯光器材，使用Keylight无法抠除。仔细观察会看到，两块黑色区域离主体人物较远，所以可以在"时间轴"中选中视频素材，使用工具栏中的"矩形工具"，在主体人物外部绘制一个蒙版，使画面只显示主体人物区域，这样画面上方的两块黑色区域就被处理掉了，如图8-40所示。

图　8-40

04 将素材中的"8.6-演播室绿幕素材.mov"文件导入并拖到时间轴中，放在视频素材的上层。使用同样的方法将演播室素材中的绿幕抠除，使下面的人物透出来，如图8-41所示。

图　8-41

合成的本质就是将多个素材合成为一个完整的画面。观察现在的画面，演播室是斜的，主体人物是正的，角度不一致。演播室偏蓝色，而主体人物偏红色，这也需要进行统一调色。

05 打开人物图层的3D图层开关，调整"方向"属性的参数，使主体人物和演播室的角度保持一致。再执行菜单中的"效果"→"颜色校正"→"Lumetri颜色"命令，将人物的颜色调整得偏冷色调一些，如图8-42所示。

图 8-42

06 将素材中的"8.6-办公室背景素材.jpg"拖入时间轴的最下层，作为人物的背景，执行菜单中的"效果"→"颜色校正"→"Lumetri颜色"命令，把背景的颜色调整得偏冷色调一些，和画面的主色调保持一致，如图8-43所示。

图 8-43

07 在画面中添加各种素材，使它们的角度与演播室保持一致，最终效果如图8-44所示。

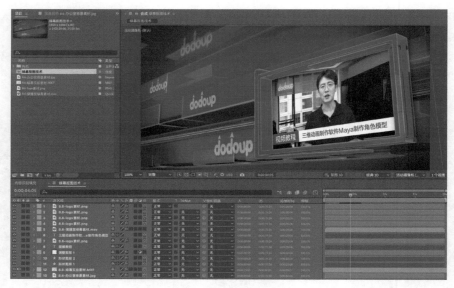

图 8-44

最终完成的文件是素材中的"8.6-绿幕抠像技术 .aep"文件，有需要的读者可以自行打开查看。

8.7 示范实例——赛博朋克效果

赛博朋克（Cyberpunk）是"控制论、神经机械学"与"朋克"的结合词。

赛博朋克风格的作品大多描绘在未来世界中，建立于"低端生活与高等科技结合"的基础上，拥有先进的科学技术，再有一定程度崩坏的社会结构。

赛博朋克拥有五花八门的视觉冲击效果，例如街头的霓虹灯、街排标志性广告及高楼建筑等，其配色通常以红蓝色调为主。

本节讲的是如何使用 After Effects 的"跟踪摄像机"技术、"Roto 笔刷工具"和 Saber 插件，将正常的城市夜景视频素材制作成炫酷的赛博朋克效果，如图 8-45 所示。

图 8-45

8.7.1 跟踪摄像机并添加元素

01 新建一个1080P、持续时间为10秒的合成，命名为"赛博朋克效果"，将素材中的"8.7-赛博朋克效果素材.mp4"文件导入，并拖到时间轴中。

这是一个时间长度为 52 秒的 4K 画质视频素材，将它的"缩放"改为 50% 和 50%，以匹配 1080P 的视频规格，再把"伸缩"改为 100%，将播放速度加快一倍，如图 8-46 所示。

图 8-46

02 如果直接使用"跟踪摄像机"进行处理，After Effects会对整段52秒的素材共进行处理，这样就会增加计算时间，这就需要在时间轴中的视频素材上单击鼠标右键，在弹出的浮动菜单中执行"预合成"命令，在弹出的"预合成"面板中单击"将所有属性移动到新合成"，单击"确定"按钮后，会看到视频素材只会保留时间轴上10秒的内容，这样就只会处理这10秒的素材，可以节省大量的制作时间。

选中该预合成，单击"跟踪器"面板中的"跟踪摄像机"按钮，这时 After Effects 会在后台进行分析处理，在"效果控件"面板中的"3D 摄像机跟踪器"的属性中可以看到相关的处理进度，处理完毕后，画面中就会出现很多不同颜色的跟踪点，如果跟踪点太小，可以在"效果控件"面板中调大"跟踪点大小"的数值，使画面中的跟踪点显示得更明显一些，方便观看和处理，如图 8-47 所示。

图 8-47

03 拖曳时间轴上的时间滑块，观察画面中心的主建筑，找到它上面始终存在的3个跟踪点，把鼠标指针放上去会出现一个红色的标靶，单击鼠标右键，在弹出的浮动菜单中执行"创建实底和摄像机"命令，时间轴中会出现"3D跟踪器摄影机"图层和"跟踪实底1"图层，同时画面中会根据3个跟踪点的位置创建出一个四边形，如图8-48所示。

图 8-48

04 将素材中的"8.7-心形.mp4"文件导入After Effects中，在"项目"面板中选中它，再在时间轴中选中"跟踪实底1"图层，按Option键（macOS）或者Alt键（Windows），将"8.7-心形.mp4"拖曳到"跟踪实底1"图层上，这样"8.7-心形.mp4"就可以在时间轴中替换掉"跟踪实底1"图层，并继承该图层的所有属性数据。

这时画面中就会显示出闪烁的心形，但"8.7-心形.mp4"是 MP4 文件，其黑色的底色还存在着，在时间轴中将该图层的"模式"改为"相加"，这样底色就会被隐藏，只有心形被保留在画面中，如图 8-49 所示。

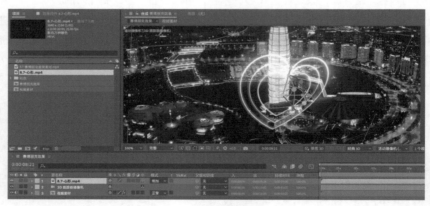

图 8-49

05 调整"8.7-心形.mp4"图层的"缩放"为72%，72%，72%，把心形调小一点儿，向上移动到主建筑的顶部，并把它旋转摆正，就像是主建筑的顶端在放射心形的霓虹灯一样，如图8-50所示。

图 8-50

06 使用同样的方法，将提供的素材文件按照自己的想法逐一放在画面中。需要注意的是，远景、中景和近景都要有不同的素材，这样可以使画面的空间感更强、层次更丰富、细节更多，如图8-51所示。

图 8-51

8.7.2 使用"Roto笔刷工具"抠出主建筑

播放动画，会看到远景的素材跑到中景主建筑的前面，产生错位，这就需要把主建筑单独抠取出来，放在远景素材的上层，如图 8-52 所示。

图 8-52

王老师的碎碎念

在 After Effects 中抠像，比较常用的有以下 3 种方法。

1. 使用效果中的抠像相关命令。这种方法是针对整个画面的，比较适合专门拍摄的绿幕或蓝幕视频素材。

2. 使用"钢笔工具"绘制遮罩。这种方法比较准确，但是稍微复杂一些的主体物就需要逐帧绘制，操作烦琐且非常耗时。

3. 使用"Roto 笔刷工具"。这个工具相当于 Photoshop 中的"魔棒工具"，它能够很智能地自动提取比较突出的主体物。本实例的素材中，主建筑很亮，而它周围比较暗，就很适合使用"Roto 笔刷工具"进行抠像处理。

01 将"视频素材"图层复制一份，放在远景素材的上层，在After Effects的工具栏中选择"Roto笔刷工具"［快捷键是Option+W（macOS）或者Alt+W（Windows）］，双击复制出来的"视频素材"图层，使用"Roto笔刷工具"在主建筑上进行绘制，会发现窗口底部弹出"帧速率不匹配"的警示信息，这是因为素材的帧速率是23.976帧/秒，而合成的帧速率是25帧/秒，两者的帧速率不一致，如图8-53所示。

图　8-53

02 新建一个1080P合成，设置"帧速率"为23.976帧/秒，"持续时间"为10秒，并命名为"主建筑"，将"视频素材"合成拖入新合成，再使用"Roto笔刷工具"沿着主建筑进行绘制，会看到绘制出来的绿色线条，如图8-54所示。要更改画笔的大小，可以执行菜单中的"窗口"→"画笔"命令，打开"画笔"面板调整画笔的直径；也可以按住Command键（macOS）或者Ctrl键（Windows），并向左和向右拖曳以更改画笔的大小。绘制完后主建筑的边缘会出现紫色的线，这就表明"Roto笔刷工具"找到主建筑的边缘了。

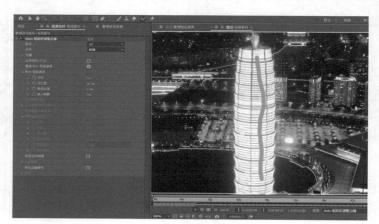

图　8-54

继续在没有被识别出的主建筑部分进行绘制，直到主建筑都被识别出来为止。如果有多出来的部分，可以按住 Option 键（macOS）或者 Alt 键（Windows），这时笔刷变成红色，绘制后会将该部分选区去掉。

 王老师的碎碎念

不需要沿着轮廓边缘绘制，只需要绘制在主体物的内部，"Roto 笔刷工具"会自动选中相邻近似颜色的区域。

03 回到"赛博朋克效果"合成中，将抠取出主建筑的"主建筑"合成拖曳到远景素材的上层，这样主建筑就会把远景素材挡住，如图8-55所示。

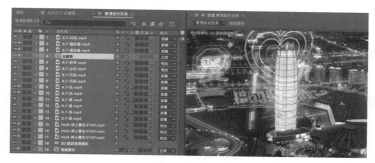

图 8-55

04 将"主建筑"图层复制一份放在其上层，执行菜单中的"效果"→"风格化"→"查找边缘"命令，在"效果控件"面板中勾选"反转"，并在时间轴上将该图层的"模式"设置为"相加"，就会看到主建筑被白色的线框包裹。

再执行菜单中的"效果"→"颜色校正"→"色调"命令，在"效果控件"面板中调整"将白色映射到"为蓝色，再把该图层的"缩放"参数调整为 150% 和 150%，"不透明度"调整为 50%，并在画面中向上移动一些，就会看到主建筑外面有一个巨大的蓝色线框，如图 8-56 所示。

图 8-56

05 按住 Option 键（macOS）或者 Alt 键（Windows），单击该图层"不透明度"前面的小秒表按钮，为该属性添加"wiggle(5,50)"表达式，按空格键预览，就会看到该蓝色线框有了闪烁的动画效果，如图8-57所示。

图 8-57

195

8.7.3 环绕文字动画的制作

01 新建1080P的合成，持续时间为10秒，命名为"文字部分"，在画面中输入想要展示的文字和装饰效果，如图8-58所示。

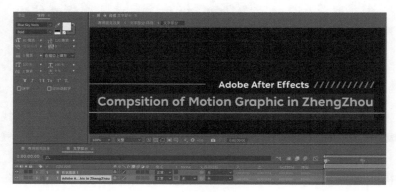

图 8-58

02 新建一个同样规格的合成，命名为"文字部分-环绕"，并将上一步制作的"文字部分"合成拖曳到该合成的时间轴中。在"效果和预设"面板中，将"动画预设"→"Prescts"→"Behaviors"→"自动滚动-水平"预设拖曳到时间轴中的"文字部分"图层，在"效果控件"面板中调整"速度"为300.0，这时预览动画，会看到文字部分在画面中左右移动，如图8-59所示。

图 8-59

03 将"文字部分-环绕"合成拖曳到"赛博朋克效果"合成中，并执行菜单中的"效果"→"透视"→"CC Cylinder"命令，就会看到文字部分变成了环状，如图8-60所示。

图 8-60

04 因为这种环绕效果是由特效模拟出来的，并不是真正意义上的3D效果，所以不能使用跟踪摄像机的方法放在合成中，需要在"效果控件"面板中调整该效果的"Rotation"（旋转）属性，使之与主建筑的角度一致，并调整大小，使文字围绕在主建筑周围。

将"CC Cylinder"效果的"Render"（渲染）属性设置为"Inside"，使环绕的文字只有背面显示在画面中，如图 8-61 所示。

图　8-61

05 将"文字部分-环绕"图层复制一份，放在时间轴的最上层，在"效果控件"面板中设置"CC Cylinder"效果的"Render"（渲染）属性为"Outside"，这样环绕的文字的正面和背面分别显示在两个图层中，而"主建筑"图层在它们中间，形成了文字环绕主建筑旋转的动画效果。再把"Ambient"参数调整为100.0，使文字的正面部分更加明亮，环绕的文字更有立体感，如图8-62所示。

图　8-62

06 因为视频中的主建筑是在不断运动的，所以需要将两个"文字部分-环绕"图层进行父级图层链接，选中父级图层，在时间轴头尾处为"位置"和"旋转"属性添加关键帧，将文字环绕效果进行定位，使其始终跟随主建筑进行运动。

为两个"文字部分 - 环绕"图层执行菜单中的"效果"→"风格化"→"发光"命令，并在"效果控件"面板中调整参数，做出霓虹灯的发光效果，如图 8-63 所示。

图 8-63

8.7.4 使用Saber插件制作炫酷光效

Saber 是一款由 Video Copilot 出品的制作光效的插件，可以制作多种多样的光效。安装好以后，可以执行 After Effects 的"效果"→"Video Copilot"→"Saber"命令打开。

01 新建一个黑色的纯色图层，在时间轴中选中该图层，使用工具栏中的"椭圆工具"沿着水面绘制一个椭圆形，再把该图层的"模式"改为"屏幕"，如图8-64所示。

图 8-64

02 执行菜单中的"效果"→"Video Copilot"→"Saber"命令，在"效果控件"面板中设置"预设"为"闪电"，"主体类型"为"遮罩图层"，这时画面中就会沿着刚才绘制的椭圆形生成蓝色的闪电特效，如图8-65所示。

图 8-65

03 在第1帧处为"开始大小"和"开始偏移"属性添加关键帧，设置参数分别为0%和100%，在2秒处调整两个属性的参数分别为200%和0%，播放动画，会看到整个椭圆形闪电有了逐渐出现的动画效果，如图8-66所示。

图 8-66

04 使用"文字工具"，在画面中输入"Ae"，并把它放在近景素材的位置，打开3D图层开关，按住Option键（macOS）或者Alt键（Windows），将它作为子图层链接到近景素材图层上，并调整大小和位置，使它跟着近景素材一起移动，如图8-67所示。

图 8-67

05 新建一个黑色的纯色图层，"模式"改为"屏幕"，执行菜单中的"效果"→"Video Copilot"→"Saber"命令，在"效果控件"面板中设置"预设"为"燃烧"，"主体类型"为"文字图层"，在"文字图层"属性的下拉菜单中选择刚才创建的文字图层，就可以看到添加光效的文字了。这时就可以在时间轴中把文字图层隐藏，如果觉得光效太强，可以修改"开始大小"属性的参数为50%，如图8-68所示。

图 8-68

06 赛博朋克的配色通常是以红蓝色调为主，所以需要把"视频素材"图层复制一份，执行菜单中的"效果"→"色彩校正"→"色调"命令，在"效果控件"面板中，设置"将黑色映射到"为深蓝色，"将白色映射到"为玫红色，这样画面中的深色部分就呈现出蓝色调，而浅色的灯光部分就呈现出红色调，再把该图层的"不透明度"降为50%，这样整个画面就呈现出红蓝色调效果了，最终效果如图8-69所示。

图　8-69

最终完成的文件是素材中的"8.7-赛博朋克效果 .aep"文件，有需要的读者可以自行打开查看。

📝 本章小结

　　本章介绍了在 After Effects 中进行影视合成的技术和方法，其实影视合成的原则很简单，就是让多个不同的素材组合形成让观众觉得可信的画面效果。其实，制作人员的软件使用熟练程度和技术水平高低并不是最重要的，最重要的是制作人员对画面的感觉，例如阴影应该在哪个方向、受光面应该是什么颜色、跟踪点应该选哪些等，这就需要制作人员多观察生活，多参考一些优秀的合成作品。

🎯 练习题

　　1. 使用提供的素材文件，将本章中的实例打乱重组，制作一个全新的合成作品。

　　2. 拍摄一段展示自己的工作桌的视频素材，并使用提供的素材文件，制作出赛博朋克风格的效果，时间长度在 10 秒左右。

影视特效的设计与制作

9.1 影视特效的应用范围

影视特效也被称为视觉特效（Visual Effects，简称 VFX），是指在影片中人工制造出来的假象和幻觉。特效为影视的发展做出了巨大的贡献，影片中出现特效的原因主要有以下两点。

1. 影片中的内容在现实中不存在或无法拍摄，例如极深的海底、遥远的星系，或者巨大的怪物和机器人。这些内容需要在影片中呈现出来，就需要制作影视特效。

2. 现实中存在，但是实拍过于复杂或者代价太大的内容，同样也需要特效来解决。例如战争片中，实拍飞机、坦克的爆炸就需要花费大量的经费，巨大的爆炸也会危及演员的安全，用特效就可以解决这些问题。

在胶片时代，特效主要依赖手工制作，例如直接绘景或者搭建超大的场景，再制作各种不同的模型等。

1975 年，电影《星球大战 4：新希望》（Star Wars 4：Episode IV–A New Hope）开拍。影片中需要用到大量的特效，由于当时这方面的人才分散各处，难以保证制作出理想的效果，于是该片的导演乔治·卢卡斯（George Lucas）在加利福尼亚州范努斯市选择了一间旧仓库，在那儿创建了工业光魔（Industrial Light and Magic，ILM）。这也是第一家以制作影视特效为主要业务的公司。如今，工业光魔依然代表着当今世界电影特效行业顶尖的制作水准，它开创了一个影视特效行业的新时代。

时至今日，随着计算机硬件和软件技术的飞速发展，影视特效的制作手法也由以手工制作为主转向以计算机制作为主，大量的影视特效专业软件层出不穷，形成了新的 CG 行业。"CG"的全称为"Computer Graphics"，即计算机图形图像，是一项新兴的技术种类。

After Effects 也是 CG 行业重要的组成部分，作为专业的动态 CG 制作软件，After Effects 可以高效且精确地创建无数种引人注目的动态图形和震撼人心的视觉效果。除此之外，After Effects 还有大量的插件，这些插件与 After Effects 紧密集成，并进行了高度灵活的配合，能够制作出令人耳目一新的各种特效。

在这些插件中，最知名的是 MAXON 公司的 Trapcode Suite 系列，该系列里有 3D Stroke、Form、Lux、Particular、Shine 等 11 个插件。图 9-1 通过一张星空的图片，使用 Form 插件制作的 3D 星云特效。

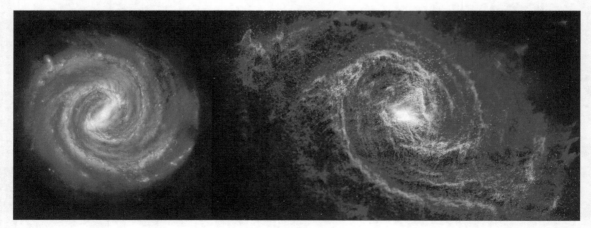

图 9-1

本章将要使用 After Effects 的常用插件进行特效的制作，所涉及的插件都需要单独安装。

9.2 示范实例——使用Form插件制作星云特效

　　宇宙空间是特效制作中极其常见的场景，一是因为它的使用频率确实高，大量的科幻电影、电视剧，或者要表现大气磅礴的宣传片都会使用到它，二是因为宇宙空间没办法实拍，只能使用特效进行制作。本节将要使用 After Effects 的 Form 插件来制作一个 3D 宇宙星云特效，如图 9-2 所示。

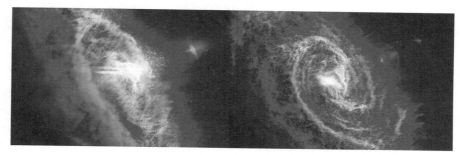

图　9-2

9.2.1 使用Form插件制作星云主体

01 新建一个1080P、持续时间为10秒的合成，命名为"星云特效制作"。新建一个纯色图层，命名为"星云主体"。为该图层执行菜单中的"效果"→"RG Trapcode"→"Form"命令，这时画面中就会出现由粒子组成的正方形，如图9-3所示。

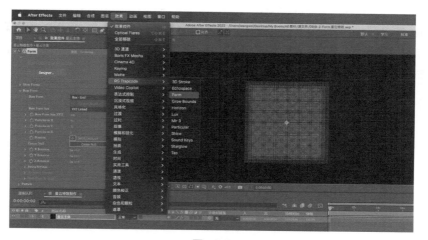

图　9-3

02 在"效果控件"面板中，调整"Form"的"Base Form Size"（基本大小）为XYZ Individual（XYZ独立），这样就可以对3个轴向上的参数进行单独的调整，分别将X、Y、Z 3个轴向的参数设置为3000、3000、0，因为将要使用一张平面图片进行制作，平面图片只有X和Y两个轴向，没有深度，所以Z轴的参数设置为0。再把"Particles in X"（X轴向上的粒子数量）和"Particles in Y"（Y轴向上的粒子数量）设置为300，"Particles in Z"（Z轴向上的粒子数量）设置为1，这时就会看到画面中的粒子的分布面积更大，数量也更多，如图9-4所示。

03 将素材中的"9.2-星云.jpg"文件导入"项目"面板中，这是一张超高清的星云图片，在"项目"面板中执行"基于所选项新建合成"命令，将该合成命名为"星云贴图"，并设置合成的"持续时间"为10秒。在该合成中，将"9.2-星云.jpg"图层复制一份，并执行菜单中的"效果"→"颜色校正"→"色调"命令，并把该图层的"模式"改为"叠加"，这样可以使星云画面的对比更强，细节更加突出，如图9-5所示。

图 9-4　　　　　　　　　　图 9-5

技术解析

　　使用图片作为 Form 插件的贴图时，应尽量选择像素高、质量好的高清图片，这样生成的粒子效果才会更细腻、更丰富。

04 将"星云贴图"合成放在"星云特效制作"合成的最下层并隐藏。选中"星云主体"图层，在"效果控件"面板中，在"Form"的"Color and Alpha"（颜色和通道）的"Layer"（图层）下拉菜单中选择"星云贴图"，并调整"Map Over"（贴图映射）为XY，这时就会看到，所有的粒子都被映射上了星云贴图的颜色，如图9-6所示。

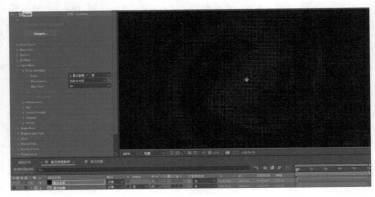

图 9-6

05 将"Displacement"（置换）的"Functionality"（功能）设置为Individual XYZ（独立XYZ），并调整"Layer for Z"（图层Z轴向）为"星云贴图"，再调整"Map Over"（贴图映射）为XY，"Strength"（强度）为120，并勾选"Invert Map"（反转贴图），让粒子根据星云贴图中的明度信息进行Z轴向的上下位移，如图9-7所示。

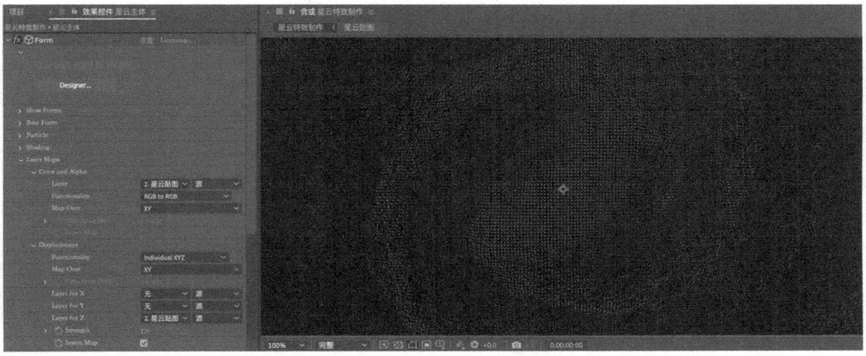

图　9-7

06 现在的星云已经有了3D体积效果，但是画面中看不出来，可以执行菜单中的"图层"→"新建"→"摄像机"命令［快捷键是Option+Shift+Command+C（macOS）或Ctrl+Alt+Shift+C（Windows）］，新建一个摄像机，按住1键切换到工具栏中的"绕光标旋转工具"，拖曳画面使视图旋转，就能够看到星云的立体效果了，如图9-8所示。

图　9-8

技术解析

　　添加了摄像机图层后，就可以对预览窗口视图进行三维空间的操作了，最常用的是旋转、平移和推拉视图。

　　旋转： 可以使用工具栏中的"绕光标旋转工具"，在视图中拖曳实现，快捷键是1。

　　平移： 可以使用工具栏中的"在光标下移动工具"，在视图中拖曳实现，快捷键是2。

　　推拉： 可以使用工具栏中的"向光标方向推拉镜头工具"，在视图中拖曳实现，快捷键是3。

　　也可以按C键，按一下是"绕光标旋转工具"，再按一下是"在光标下移动工具"，再按一下是"向光标方向推拉镜头工具"。

　　随着After Effects版本的更新，也可以使用很多三维软件中常用的操作来实现，按住Option键（macOS）或Alt（Windows）键，再按住鼠标左键拖曳就可以旋转视图，按住鼠标中键（滚轮）拖曳就可以平移视图，按住鼠标右键拖曳就可以推拉视图。

07 现在的粒子颗粒感太重，需要继续调整"星云主体"图层的"Form"的相关参数，可以调整"Size"（大小）为1，将粒子调小一些，并把"Size Random"（大小随机值）设置为100%，这时画面中的粒子就不明显了。把"Particles in X"（X轴向上的粒子数量）和"Particles in Y"（Y轴向上的粒子数量）设置为2000，增加粒子数量，再把"Blend Mode"（混合模式）改为Add，将粒子提亮一些，如图9-9所示。

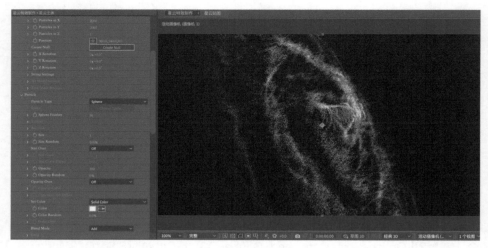

图 9-9

08 选中摄像机图层，连按两下A键，打开"摄像机选项"，单击"景深"属性后面的"关"，使其变成"开"，打开摄像机的景深效果，调整参数，使焦点放在星云的中心，并把"光圈"设置为1200.0像素，增强景深效果，如图9-10所示。

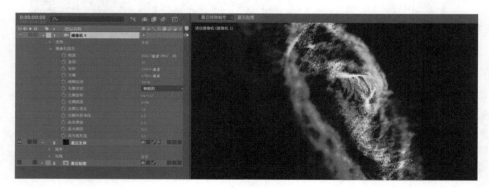

图 9-10

> **技术解析**
>
> **焦距（Focal Length）**：指焦点（Focus）到摄像机的距离。以本实例为例，如果想要将焦点放在星云中心，就要将焦距设置为摄像机到星云中心的距离值。
>
> **光圈（Aperture）**：在 After Effects 中，光圈越大，景深越大；光圈越小，则景深越小。

9.2.2 使用Shine插件制作光线

Shine 是一款制作扫光特效的插件，它可以快速地模拟出 3D 体积光，并且可以自定义光的角度、颜色、长度、强度等参数。

01 选中"星云主体"图层，执行菜单中的"效果"→"RG Trapcode"→"Shine"命令，会看到星云的主体开始向外发射光线，如图9-11所示。

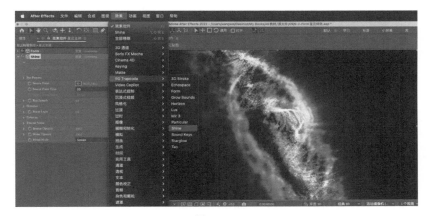

图　9-11

02 "Shine"有多种不同的颜色设置方案，在"效果控件"面板中，打开"Shine"效果的"Colorize"（颜色）属性，设为Pastell，这是一款5种颜色的渐变，也可以根据自己的需要分别调整不同的颜色，如图9-12所示。

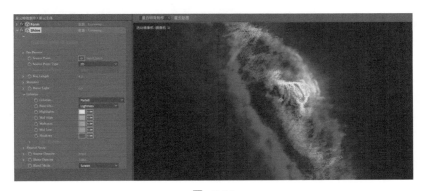

图　9-12

03 把"Shine"的"Source Point Type"（源点类型）改为3D Light（三维灯光），再把"Ray Length"（光线长度）改为2，让光线短一些，如图9-13所示。

图　9-13

04 新建一个调整图层，放在时间轴的最上层，执行菜单中的"效果"→"颜色校正"→"色相/饱和度"命令，在"效果控件"面板中调整"主饱和度"参数为48，让画面颜色更鲜艳一些。再执行菜单中的"效果"→"颜色校正"→"曲线"命令，将曲线往上提，使整个画面更亮一些，如图9-14所示。

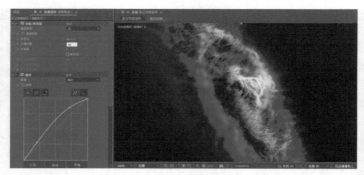

图 9-14

05 新建一个纯色图层，命名为"BG"，执行菜单中的"效果"→"生成"→"填充"命令，把"颜色"改为黑色，把它放在时间轴的底层作为底色，如图9-15所示。

图 9-15

9.2.3 制作星云动画

01 选中"星云主体"图层，在"效果控件"面板中打开"Form"效果的"Fractal Field"（分形场）属性，调整"Displace"（置换）参数为20，再拖曳时间轴上的时间滑块，会看到粒子开始在小范围内运动，如图9-16所示。

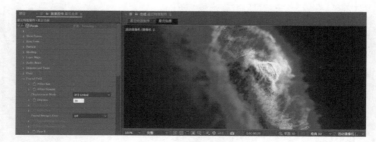

图 9-16

02 选中摄像机图层，在第1帧处为"目标点""位置""焦距"属性添加关键帧，再把时间滑块移动到10秒的位置，将镜头拉远，同时旋转视图，这时画面会变模糊，这是因为摄像机拉远后，"焦距"没有调整。再调整"焦距"的参数，使星云中心变清晰，拖曳时间轴上的时间滑块，就会看到星云由近及远产生了慢慢旋转的动画效果，如图9-17所示。

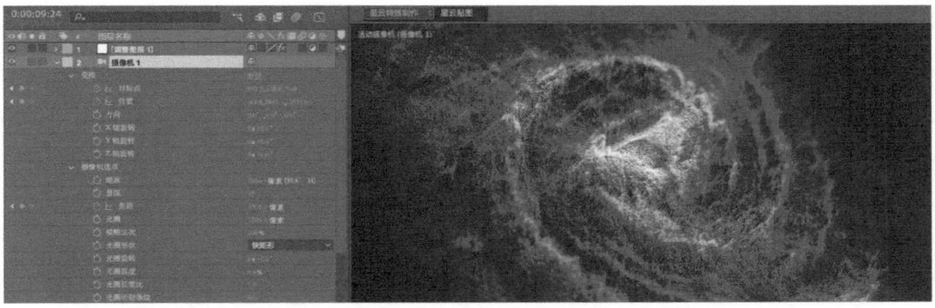

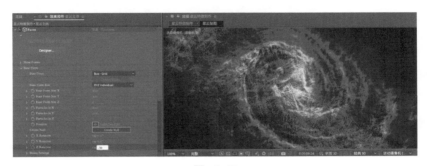

图 9-17

03 回到"星云主体"图层，在"效果控件"面板中，给"Form"效果的"Z Rotation"（Z轴向旋转）属性添加关键帧，在第1帧的位置设置参数为0×+0°，在10秒的位置设置参数为0×–30°，让摄像机旋转的同时，星云自身也旋转，如图9-18所示。

图 9-18

接下来要给整个星云加一些细节，让粒子的层次更丰富。

04 将"星云主体"图层复制一份，命名为"星云散开"，在"效果控件"面板中调整"Form"效果的"Size"（大小）参数为2，使粒子更大一些，将"Particles in X"（X轴向上的粒子数量）和"Particles in Y"（Y轴向上的粒子数量）设置为280，使粒子的数量减少一些，把"Disperse and Twist"（分散与扭曲）属性栏下面的"Disperse"（分散）参数设置为60，让粒子的间距更大一些，再把"Fractal Field"（分形场）属性下面的"Displace"（置换）参数设置为60，使粒子运动得更快，最后进入"Base Form"中，调整"Position"（位置）的Z轴数值为–90，将这些粒子放在星云的上方。

因为这些粒子是制作层次结构用的，没有必要发光，所以就可以把"Shine"效果删掉。播放动画，就会看到星云的表面又多出来一些更大、更活跃的粒子在运动，如图9-19 所示。

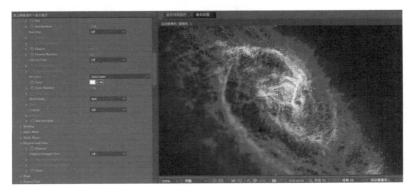

图 9-19

05 将"星云散开"图层复制一份，命名为"悬浮颗粒"，在"效果控件"面板中调整"Form"效果的"Particles in X"（X轴向上的粒子数量）和"Particles in Y"（Y轴向上的粒子数量）为120，把"Disperse and Twist"（分散与扭曲）属性栏下面的"Disperse"（分散）参数设置为800，让粒子散开，再把"Fractal Field"（分形场）属性下面的"Displace"（置换）参数设置为120，让粒子运动得更快，最后在10秒处调整"Z Rotation"（Z轴向旋转）的数值为0×–5.0°，让这些粒子非常缓慢地旋转，如图9-20所示。

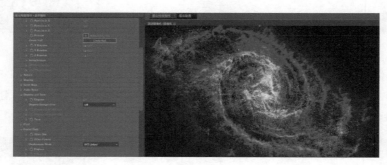

图　9-20

播放动画，就会看到粒子有了快慢远近的区别，画面的动态和层次更加丰富。

9.2.4 使用Optical Flares插件制作光晕

Optical Flares 是一款由 Video Copilot 开发的 After Effects 插件，主要用于设计和制作各种各样的镜头光斑特效。该插件安装好以后，可以用 After Effects 的"效果"→"Video Copilot"→"Optical Flares"命令打开。

01 新建一个黑色的纯色图层，命名为"炫光"，调整"模式"为"屏幕"，放在时间轴的最上层，执行菜单中的"效果"→"Video Copilot"→"Optical Flares"命令，画面中会出现一个明亮的炫光效果，如图9-21所示。

图　9-21

02 在"效果控件"面板中，单击"Optical Flares"效果的"Options"按钮，这时会弹出"Optical Flares"的设置面板，单击右下方的"预设浏览器"，进入"Motion Graphics"文件夹，单击"Sektor Golden"预设，左上方的"预览"窗口会显示出该镜头光斑效果，在左下方的"堆栈"面板中，可以对该预设的所有元素逐一进行调整，然后单击右上角的"OK"按钮，如图9-22所示。

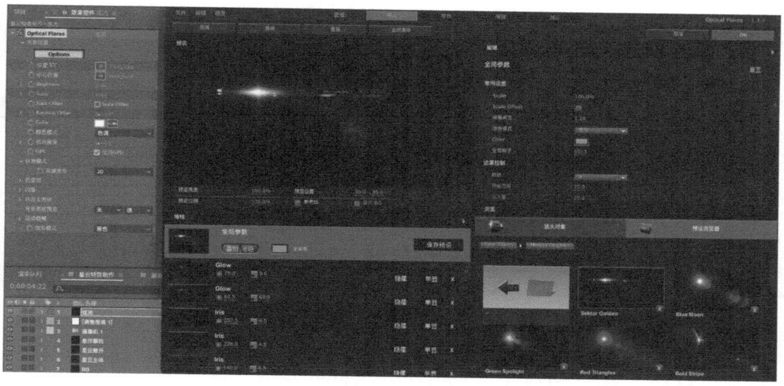

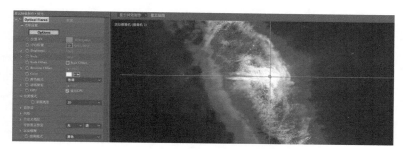

图 9-22

03 为"位置XY"和"Scale"（放缩）属性在第1帧处添加关键帧，单击"位置XY"后面的瞄准镜按钮，将光斑效果放在星云的中心位置，如图9-23所示。

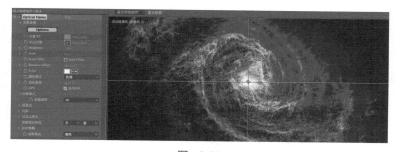

图 9-23

04 在第10秒处调整"位置XY"的参数，使光斑效果在星云的中心，再调整"Scale"（放缩）属性的参数为50.0，将光斑效果缩小一半，拖曳时间轴上的时间滑块，会看到光斑效果随着镜头的拉远而逐渐变小，如图9-24所示。

图 9-24

05 新建一个黑色的纯色图层，命名为"光晕"，调整"模式"为"屏幕"，执行菜单中的"效果"→"Video Copilot"→"Optical Flares"命令，在该命令的设置面板中，选择"预设浏览器"的"Light"文件夹中的"Crazy Light"预设，再进入"堆栈"面板中，将较亮的元素都隐藏掉，只保留下光晕的元素，最后单击右上角的"OK"按钮，如图9-25所示。

06 回到"效果控件"面板中，设置"Optical Flares"效果的"来源类型"为3D，再为"位置XY"、"Scale"（放缩）和"Rotation Offset"属性在第1帧处添加关键帧，并调整参数，使光晕与星云中心始终呈直线排列状态，如图9-26所示。

图　9-25　　　　　　　　　　　　　　　　图　9-26

07 在10秒处，调整"位置XY"和"Rotation Offset"属性的参数，使光晕与星云中心继续保持直线排列状态，调整"Scale"属性为72.0，使光晕缩小一些，播放动画，能看到光晕的位置随着镜头的变化而不断变化，如图9-27所示。

图　9-27

08 将素材中的"9.2-BGM.mp3"文件导入，将它拖到时间轴中，这是一段宇宙空间的背景音，最终效果如图9-28所示。

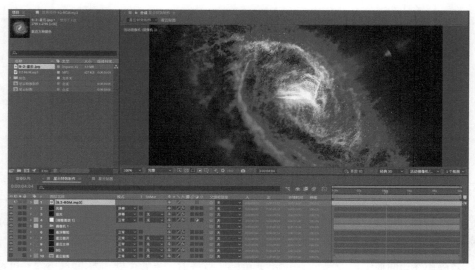

图　9-28

最终完成的文件是素材中的"9.2-Form 星云特效 .aep"文件，有需要的读者可以自行打开查看。

9.3 示范实例——使用Particular插件制作粒子生长特效

本节将要使用 After Effects 的 Particular 插件，制作粒子向上升起的"万物生长"特效，效果如图 9-29 所示。

图 9-29

01 新建一个1080P、持续时间为15秒的合成，命名为"粒子生长特效"。在该合成中新建一个纯色图层，将该图层命名为"Particular"。为该图层执行菜单中的"效果"→"RG Trapcode"→"Particular"命令，拖曳时间轴上的时间滑块，画面正中间的位置就会出现一个点向四面八方发射粒子，如图9-30所示。

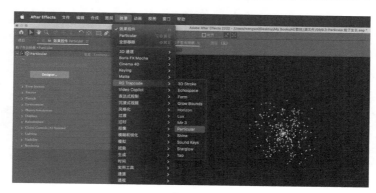

图 9-30

02 在"效果控件"面板中单击"Particular"效果下面的"Designer"按钮，弹出"Trapcode Particular Designer"面板，单击左上角的"PRESETS"按钮，弹出"Particular"插件提供的多种预设效果，打开其中的"Basics"选项，双击"Explosion Trail w Gravity"预设，这时会在中间的窗口中生成带运动轨迹的粒子效果，然后单击面板右下角的"Apply"按钮关闭该面板，回到After Effects的主界面中，如图9-31所示。

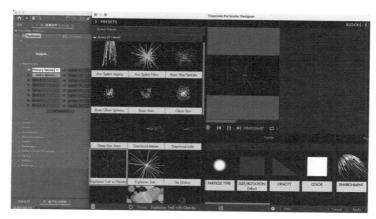

图 9-31

王老师的碎碎念

Particular 中，可以使用 "Trapcode Particular Designer" 面板直接进行参数调整，中间的预览面板能实时显示出效果的变化；也可以关闭该面板，回到 "效果控件" 面板中进行调节，然后按空格键预览效果。这两种方法可以视个人习惯选用。

03 在 "效果控件" 面板中，打开 "Particular" 效果的 "Show Systems" 选项，会看到该效果是由两套粒子系统组成的，"Primary System" 是粒子的头部，而 "System 2" 是粒子的拖尾效果，先单击 "Primary System"，对粒子头部的形态进行参数调整，如图9-32所示。

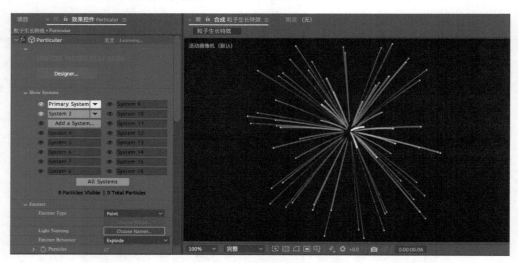

图 9-32

王老师的碎碎念

在本实例的演示中使用的是 Particular 6.2.0 版本，该版本已经将之前的 "Aux System"（辅助系统）取消了，取而代之的是使用新的 "Show Systems" 中的 "Add a System"（添加一个系统）来添加辅助系统，该方式可以添加多达 15 个辅助系统。

04 将素材中的 "9.3-梵高星空.jpg" 文件导入，这是一张梵高绘制的油画《星空》的图片，把它放在时间轴中并放大一些，打开图层的3D开关，然后将该图层隐藏。

选中 "Particular" 图层，在 "效果控件" 面板的 "Particular" 效果中进入 "Emitter"（发射器）选项，将 "Emitter Type"（发射器类型）改为 Layer（图层），再打开 "Layer Emitter"（发射器图层）的 "Layer" 属性后面的下拉菜单，选择时间轴中的 "9.3- 梵高星空 .jpg" 图层，这样粒子就会以该图层为发射器，并替换为该图层的颜色，如图 9-33 所示。

05 调整 "Direction"（方向）的属性为 "Directional"（定向），使粒子散布的方向保持一致，调整 "Y Rotation"（Y轴向旋转）为0×+15°，"Velocity"（速度）为150，让粒子的运动速度更快一点儿，调整 "Velocity Random"（速度随机）为50%，使粒子的速度有变化，按空格键会看到粒子集体向下运动，如图9-34所示。

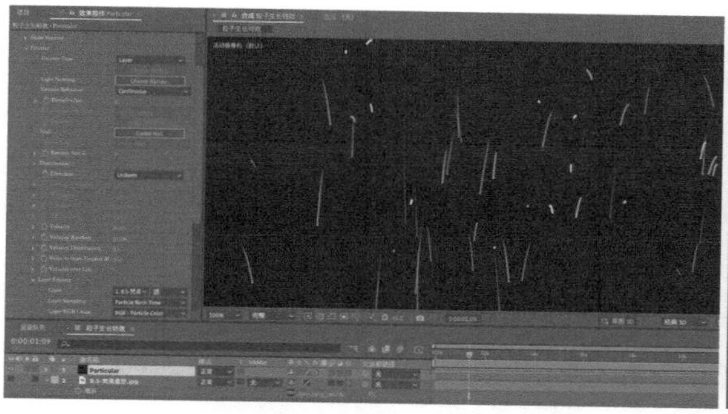

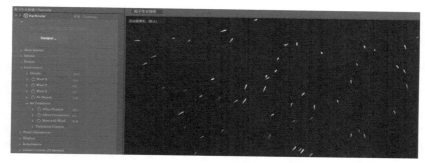

图 9-33 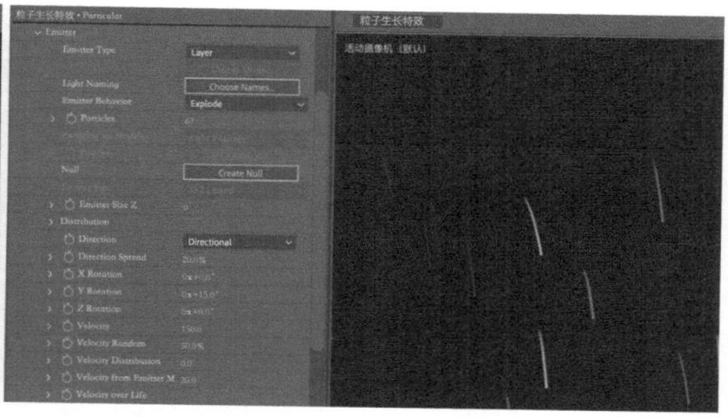　　　　　　　　　　　　　　图 9-34

06 进入"Environment"（环境）选项中，将"Gravity"（重力）改为-10，这样粒子就开始向上运动了，把"Wind X"（X轴向风力）调整为12，使粒子向上的同时有一些横向运动，再调整"Air Turbulence"（空气湍流）选项下的"Affect Position"（影响位置）为28，"Move with Wind"（随风力移动）为36%，为粒子的运动加入更多变化，如图9-35所示。

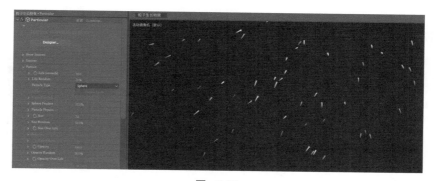

图 9-35

07 进入"Particle"（粒子）选项，将"Life(seconds)"（生命）改为10，这样粒子就能够在画面中显示10秒再消失，再把"Life Random"（生命随机值）调整为20%，使粒子的生命时间有所变化，再调整"Sphere Feather"（球体羽化）为12%，因为粒子是球体，调整该参数可以让粒子的边缘有羽化效果，调整"Size"（尺寸）为7，"Size Random"（尺寸随机）值为50%，让粒子的尺寸有一定的变化，如图9-36所示。

图 9-36

08 进入"Displace"（置换）选项的"Turbulence Field"（湍流场）中，将"TF Affect Size"（湍流影响尺寸）改为280，"TF Affect Opacity"（湍流影响强度）改为100，将"TF Displacement Mode"（湍流置

换模式）改为XYZ Individual（X、Y、Z轴独立），这样可以对3个轴向上的参数进行单独调整，再把"TF Displace X"（X轴向上的湍流置换）调整为60，调整"Fade-in Time（second）"（时间流逝）为40，这样就可以在粒子中加入湍流影响效果，让粒子运动的随机性更强，如图9-37所示。

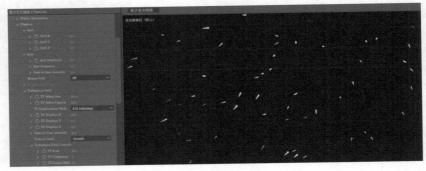

图 9-37

09 现在粒子的拖尾太短了，可以在"Show Systems"中单击"System 2"，进入拖尾的粒子系统中，把"Life(seconds)S2"设置为3.5，这样拖尾就能保持3.5秒的长度，再把"Size S2"（尺寸）设置为1，让拖尾更细，如图9-38所示。

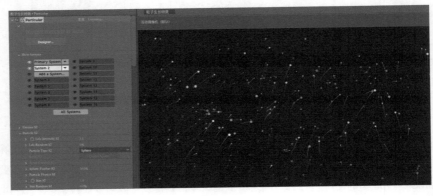

图 9-38

10 在"Show Systems"中单击"Primary System"，将"Particles/sec"（每秒粒子数量）设置为1200，使粒子数量增加几十倍，这时计算机可能会出现卡顿，这是粒子数量激增导致的，等计算机计算完，画面中就会出现很多粒子，画面也变得更加丰富，如图9-39所示。

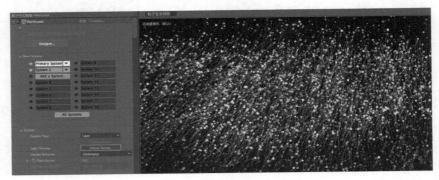

图 9-39

王老师的碎碎念

制作粒子效果时，一般都会先将粒子数量设置得比较少，这样可以保证参数调整的过程中，计算机的计算速度较快，还可以实时预览调整后的效果。等到所有参数都调整完以后，再把粒子数量调多，这时虽然计算机的计算速度较慢，但因为所有参数已经调整好了，就可以直接进行渲染，更能提高制作的效率。

11 执行菜单中的"图层"→"新建"→"摄像机"命令，并调整摄像机的角度和位置，使粒子从下往上生长出来。再打开"摄像机选项"中的"景深"效果，调整"焦距"和"光圈"，使近景清晰，远景有一些模糊效果，增加层次感，如图9-40所示。

图　9-40

12 执行菜单中的"图层"→"新建"→"调整图层"命令［快捷键是Option+Command+Y（macOS）或Ctrl+Alt+Y（Windows）］，为该图层添加"色相/饱和度""发光""曲线"等效果，对画面进行整体调色，使画面颜色更丰富。新建一个纯色图层，命名为"BG"，可以添加相应的填充或渐变色，使背景更丰富。导入素材中的"9.3-BGM.wav"文件，拖入时间轴中作为背景音乐，最终效果如图9-41所示。

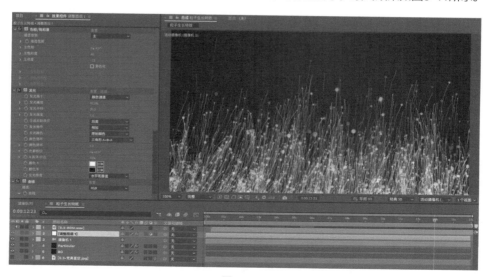

图　9-41

最终完成的文件是素材中的"9.3-Particular 粒子生长 .aep"文件，有需要的读者可以自行打开查看。

9.4 示范实例——使用Particular插件制作粒子流动特效

本节将要使用 After Effects 的 Particular 插件来制作粒子像水面一样流动的特效，效果如图 9-42 所示。

图　9-42

9.4.1 使用Particular插件制作粒子

01 新建1080P的合成，持续时间为16秒，命名为"粒子流动特效"。在该合成中新建一个纯色图层，命名为"水面"。

执行菜单中的"效果"→"RG Trapcode"→"Particular"命令，在"效果控件"面板中调整"Particular"效果的"Emitter Type"（发射器类型）为 Box，将"Particles/sec"（每秒粒子数量）设置为 2000，调整"Emitter Size"（发射器尺寸）为 XYZ Individual（XYZ 独立），这样就可以对 3 个轴向上的参数单独调整，分别将 X、Y、Z 3 个轴向的参数设置为 2000、0、2000，这样粒子的高度是 0，只有水面薄薄的一层粒子。

调整"Direction"（方向）的属性为 Directional（定向），"Directional Spread"（定向排列）为 10%，"Velocity"（速度）为 10，让粒子的运动速度变得很慢，调整"Velocity Random"（速度随机）为 10%，这时画面中的粒子会呈一条横线排列，如图 9-43 所示。

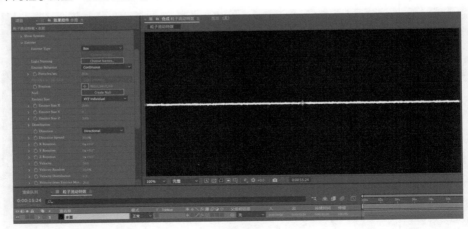

图　9-43

02 执行菜单中的"图层"→"新建"→"摄像机"命令，调整摄像机为俯视角度，就能看到由粒子组成的平面效果了，打开"摄像机选项"中的"景深"效果，并调整"焦距"在水面中间区域，将"光圈"调高，使景深效果更加强烈，如图9-44所示。

03 按空格键预览动画，会发现粒子是逐渐出现的，如果希望粒子一开始就全部出现，可以在"效果控件"面板中调整"Global Controls(All Systems)"（整体控制）中的"Pre Run(seconds)"参数为10.0，再预览动画，会看到粒子在第0帧就全部出现了，如图9-45所示。

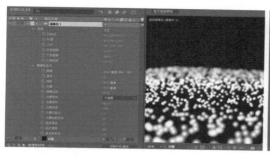

图 9-44

图 9-45

04 在"Particle"（粒子）中，调整"Size"（尺寸）为1，使粒子变得更小，调整"Size Random"（尺寸随机）为50%，"Life Random"（生命随机值）为50%，增加粒子的随机效果。再调整"Color"（颜色）为浅蓝色，"Blend Mode"（混合模式）为Screen（屏幕），让粒子变成亮一些的蓝色，如图9-46所示。

05 在制作粒子的流动效果之前，为了能看得更清楚，就需要把"Particles/sec"（每秒粒子数量）设置为15000，使画面中的粒子数量增加数倍，如图9-47所示。

图 9-46

图 9-47

06 将"Environment"（环境）中的"Wind Y"（Y轴向风力）调整为-10.0，再把"Air Turbulence"（空气湍流）中的"Affect Position"（影响位置）调整为40，"Scale"调整为3，"Octave Scale"调整为0，这样粒子就有了像水面流动一样的动态，如图9-48所示。

07 将"Displace"（置换）中的"Spin Amplitude"（自旋振幅）调整为5，让粒子的运动更加活跃，按空格键预览，就会看到粒子像水面一样流动起来了，如图9-49所示。

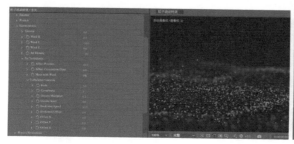

图 9-48

图 9-49

08 将"水面"图层复制一份，重命名为"水雾"，将"Particles/sec"（每秒粒子数量）设置为8000，"Size"（尺寸）设置为0.5，"Affect Position"（影响位置）设置为50.0，"Scale"设置为20.0，"Evolution Speed"设置为10.0，使粒子变得更小、更活跃，制作出水面上的水雾效果，如图9-50所示。

09 执行菜单中的"图层"→"新建"→"空对象"命令，将空图层设置为摄像机图层的父级图层来控制摄像机视角，在第0帧和最后一帧处，为空图层的"位置"和"旋转"属性添加关键帧，调整参数，做出镜头在水面上移动旋转的动画效果，如图9-51所示。

图 9-50

图 9-51

王老师的碎碎念

　　很多人在制作摄像机动画时，习惯新建一个空图层，将它设置为摄像机图层的父级图层，再调整该空图层的相关参数去控制摄像机。

　　这是因为摄像机是以自身的坐标进行移动和旋转的，就像是人的眼睛一样，眼睛的前方有可能是左前方或者右前方，而不一定是绝对意义上的空间的正前方。

　　所以使用空图层去控制摄像机，就可以实现绝对意义上的位置和角度的控制。

10 新建一个纯色图层，放在时间轴的最下层，重命名为"BG"，执行菜单中的"效果"→"生成"→"梯度渐变"命令，在"效果控件"面板中设置"渐变形状"为"径向渐变"，设置"起始颜色"为深蓝色，并把"渐变起点"放在画面的左上方，把"结束颜色"设置为黑色，"渐变终点"放在画面的右下方，使画面的背景更有空间感，如图9-52所示。

图 9-52

9.4.2 使用Looks插件进行调色

Looks 是 MAXON 公司的 Trapcode Magic Bullet 系列中的一个插件，该系列是用于调色的一套插件，包括 Colorista 、Cosmo、Denoiser、Film、Looks、Mojo、Renoiser 等 7 个插件。

01 执行菜单中的"图层"→"新建"→"调整图层"命令，并把创建出来的调整图层放在时间轴的最上层。为该图层执行菜单中的"效果"→"RG Magic Bullet"→"Looks"命令，这时"效果控件"面板中就会出现Looks的相关参数，如图9-53所示。

图 9-53

02 在"效果控件"面板中单击"Looks"效果中的"Edit"按钮，会弹出"Magic Bullet Looks"设置面板，单击该面板左下角的"LOOKS"字样，会在左侧弹出预设面板，可以打开任何一个文件夹，把鼠标指针放在任一预设上面，中间的预览窗口都会显示出相应的效果。在本实例中使用的是"People"中的"Relight Beldar"预设，如图9-54所示。

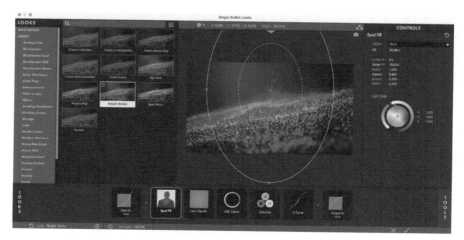

图 9-54

03 "Magic Bullet Looks"设置面板右下方的"TOOLS"面板中有该预设的各种参数设置，可以分别选中，然后在右侧的"CONTROLS"面板中调整参数，也可以在预览窗口中直接调整。例如选中"Spot Fill"，预览窗口中会出现黄色的圆形，显示该参数的效果范围，可以在预览窗口中直接拖曳改变其位置和形态，所有参数都调整好以后，可以单击"Magic Bullet Looks"设置面板右下角的对号按钮，如图9-55所示。

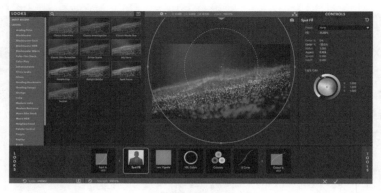

图 9-55

04 选中"水面"图层，执行菜单中的"效果"→"RG Trapcode"→"Shine"命令，将"Colorize"设置为None，以粒子自身的颜色作为扫光的颜色，再单击"Source Point"（源点）后面的瞄准镜按钮，将扫光发射的中心点设置在画面下方，让光线向上发射，如图9-56所示。

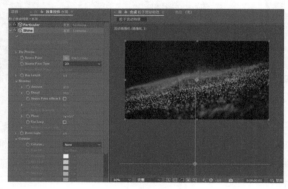

图 9-56

05 根据自己的喜好添加效果，本实例中添加了"Optical Flares"镜头光斑效果，又添加了"发光"特效，让画面的光感更加强烈。最后可以将素材中的"9.4-BGM.wav"和"9.4-BGM2.mp3"文件导入，作为背景音乐和水声，最终效果如图9-57所示。

图 9-57

最终完成的文件是素材中的"9.4-Particular 粒子流动 .aep"文件，有需要的读者可以自行打开查看。

9.5 示范实例——使用E3D插件制作三维文字特效

Element 是一款由 Video Copilot 开发的 After Effects 插件，主要用于设计和制作真实的 3D 模型和效果，因此在国内也被称为 E3D 插件。安装好以后，可以用 After Effects 的"效果"→"Video Copilot"→"Element"命令打开该插件。

本节将要使用 Element 插件来制作三维文字特效，效果如图 9-58 所示。

图 9-58

9.5.1 使用E3D插件制作文字主体

01 新建一个1080P的合成，持续时间为15秒，命名为"活字印刷"，使用"文字工具"，将"活字印刷"4个字分别放在4个图层中，并调整字体为粗一些的宋体，放在画面的中间位置，如图9-59所示。

02 新建一个纯色图层，选中该图层执行菜单中的"效果"→"Video Copilot"→"Element"命令，在"效果控件"面板中打开"Element"效果的"自定义图层"选项，分别将前4个路径图层设置为活、字、印、刷4个字的图层，设置好后，就可以把这4个图层隐藏起来，如图9-60所示。

图 9-59

图 9-60

03 在"效果控件"面板中单击"Element"效果的"Scene Setup"（建立场景）按钮，会弹出E3D的设置面板，单击上方的"挤压"按钮，会看到左侧的预览窗口中就出现了"活"字的三维文字，如图9-61所示。

04 单击预览窗口下面的"旋转工具"，文字中间会出现旋转操纵杆，拖曳操纵杆将文字旋转90°，使它平放在画面中，也可以在"编辑"面板中的"变换"设置中，将"方向"属性的第一个参数设置为90.0°，如图9-62所示。

图 9-61　　　　　　　　　　　　　　　　　　图 9-62

05 单击E3D设置面板上的"创建"按钮，在弹出的浮动菜单中选中第1个立方体图标，预览窗口中就会出现一个立方体，在"编辑"面板中调整它的"大小XYZ"为1.00、3.00和1.00，这样它的高度就会增加到原来的3倍，再单击预览窗口下面的"移动工具"，选中立方体中间的操纵杆，把它放在文字模型的下面，如图9-63所示。

06 单击E3D设置面板上的"创建"按钮，在弹出的浮动菜单中选中第4个管状体图标，在"编辑"面板中调整它的"面数"为4，再调整"内半径"为90.0%，使它的边变细。使用"移动工具"，把它放在文字模型下面一点儿，如图9-64所示。

图 9-63　　　　　　　　　　　　　　　　　　图 9-64

07 E3D自带的材质较少，可以自行补充一些材质，并将其复制粘贴到E3D插件的材质目录"我的文档／VideoCopilot／Materials（Windows）"或"文稿／VideoCopilot／Materials（macOS）"中，这样在E3D的"预设"面板中就能看到新的材质。将"Materials"→"E3DMaps"→"Metal"中的"metal_stained"材质分别拖曳到右上方"场景"面板的3个模型上面，就会看到预览窗口中模型被指定了新的材质，如图9-65所示。

08 选中3个模型上面的文件夹，单击鼠标右键，在弹出的浮动菜单中执行"重命名"命令，将该文件夹重命名为"huo"，再选中该文件夹，单击鼠标右键，在弹出的浮动菜单中执行"复制所有"命令，将复制出来的文件夹重命名为"zi"，选中"zi"文件夹中的"挤出模型"，在"编辑"面板中将"自定义路径"设置为"自定路径2"，这样预览窗口中的三维文字就变成了"字"，如图9-66所示。

图 9-65　　　　　　　　　　　　　　　　　　图 9-66

09 用同样的方法把其他两个字的模型也制作出来，可以根据自己的喜好，为其中的一些模型添加不同的材质，使画面的质感更加丰富，然后单击右上角的"确定"按钮，如图9-67所示。

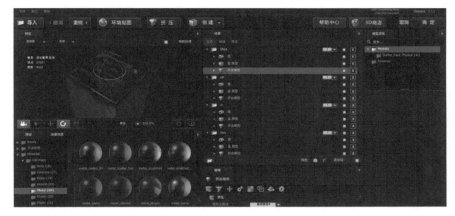

图 9-67

9.5.2 排列三维文字和制作动画

01 在"效果控件"面板中打开"Element"效果的"粒子复制"，先把"复制形状"改为"3D网格"，再把"网格X""网格Y""网格Z"设置为15、1、15，使刚才制作的三维文字横向有15个，纵向有1个，深度向有15个，再把"形状缩放"设置为230，将三维文字整体放大一些，如图9-68所示。

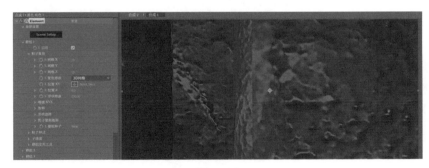

图 9-68

02 执行菜单中的"图层"→"新建"→"摄像机"命令，调整摄像机的角度为俯视状态，就能看到排列得整整齐齐的三维文字了，如图9-69所示。

图 9-69

03 在"效果控件"面板中打开"Element"效果的"渲染设置"，将"添加照明"修改为360，"亮度乘数"设置为240%，再勾选"环境光吸收"中的"启用AO"选项，将画面提亮，使三维效果更加真实，如图9-70所示。

图 9-70

04 回到"粒子复制"中，在第0帧处将"分散"中的"Y分散"添加关键帧，并设置参数为72，这时画面中的三维文字沿着Y轴向进行纵向的随机分散，在最后一帧将"Y分散"的参数设置为16，播放动画，就能看到三维文字上下动了起来，如图9-71所示。

图 9-71

05 将摄像机的"景深"效果打开，调整"焦距"的参数，使焦点放在画面的中心区域，将"光圈"参数调高，使景深效果更加强烈。再给"目标点""位置"属性添加关键帧，让镜头从0秒开始向右上方移动，做出移镜头的动画效果，如图9-72所示。

图 9-72

9.5.3 使用灯光图层制作光效

在 After Effects 中可以通过创建灯光图层来照亮三维场景，并可以对灯光的强度、颜色、阴影等属性进行设置。

01 执行菜单中的"图层"→"新建"→"灯光"命令［快捷键是Option+Shift+Command+L（macOS）或Ctrl+Alt+Shift+L（Windows）］，在弹出来的"灯光设置"面板中设置"灯光类型"为"点"，"颜色"设置为橘红色，"强度"设置为1400%，并勾选"投影"选项，单击"确定"按钮，如图9-73所示。

图 9-73

技术解析

After Effects 中的"灯光类型"一共有 4 种，分别是平行、聚光、点和环境。

平行： 平行光可以理解为太阳光，光照范围无限，可照亮场景中的任何地方且光照强度无衰减，可产生阴影，并且有方向性。

聚光： 聚光灯的范围是一个圆锥，根据圆锥的角度确定，可通过"锥形角度"调整，这种光容易生成有光区域和无光区域，同样可产生阴影且具有方向性。

点： 点光源从一个点向四周 360° 发射光线，对象与光源的距离不同，受到的照射程度也不同，这种光也会产生阴影。

环境： 环境光没有发射点，没有方向性，也不会产生阴影，它可以调整整个画面的亮度，通常和其他灯光配合使用。

02 调整该灯光的位置，使其处于整个场景的右侧，略高于场景的位置，让场景的右侧被照亮，如图9-74所示。

图 9-74

03 在0秒和15秒处给灯光的"位置"属性添加关键帧，让灯光由远及近，逐渐在画面中显示出光照的效果，如图9-75所示。

图　9-75

04 执行菜单中的"图层"→"新建"→"调整图层"命令，并把创建出来的调整图层放在时间轴的最上层。为该图层执行菜单中的"效果"→"RG Magic Bullet"→"Looks"命令，进入"效果控件"面板中，单击"Looks"中的"Edit"（编辑）按钮，在弹出的Looks面板中选择"Enhancements"中的"Punch in the Dark"预设，然后在"TOOLS"（工具）面板中微调相关参数，最后单击右下角的对号按钮，如图9-76所示。

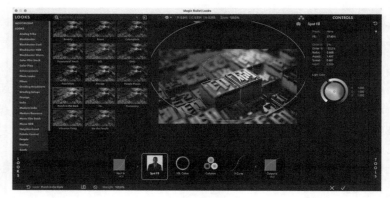

图　9-76

05 新建一个黑色的纯色图层，调整"模式"为"屏幕"，执行菜单中的"效果"→"Video Copilot"→"Optical Flares"命令，选择一款相对柔和的镜头光斑，在"效果控件"面板中，将"Brightness"（亮度）和"Scale"（放缩）属性的参数都调高一些，然后给"位置XY"属性添加关键帧，使镜头光斑随着镜头的移动而移动，如图9-77所示。

图　9-77

06 在调整图层中添加"曲线"等其他调色效果，根据自己的需要对画面整体色调进行调整。新建一个黑色的纯色图层，放在时间轴的最下层作为背景色。最后把素材中的"9.5-BGM.wav"文件导入，并拖曳到时间轴中作为影片的背景音乐，最终效果如图9-78所示。

图　9-78

最终完成的文件是素材中的"9.5-E3D 插件制作三维文字 .aep"文件，有需要的读者可以自行打开查看。

📝 本章小结

本章介绍了 After Effects 中的多个常用插件，这些插件是 After Effects 的有效补充。正因为 After Effects 使用范围广、使用人群多，所以才会有大量的优秀开发者不断为其开发新的插件，这也正是其他影视后期软件所不具备的优势。

本章介绍的效果都是现实中不存在或者难以拍摄到的，这也正是特效存在的意义，能够让观众看到闻所未闻、见所未见的画面。

在学习特效制作的过程中，我们不仅需要掌握制作技术，还需要仔细观察自然界中相关物体的运动，如水、火、云、烟雾等，另外还需要了解一些物理学方面的知识，这样制作出来的特效才更加真实可信。

🎯 练习题

1. 尝试设计一个粒子烟雾的动画特效，片长控制在 10 秒以内。

2. 尝试使用 E3D 插件制作一个三维效果的 Logo，并配合其他插件，制作一段不少于 10 秒的 Logo 展示动画。

10

商业影视作品的制作

10.1 示范实例——影视广告

广告一词来源于拉丁文 advertere，意思是"注意、诱导及传播"，后逐渐演变为 Advertise，其含义也衍化为"使某人注意到某件事"或"通知别人某件事，以引起他人的注意"。直到 17 世纪末，英国开始出现大规模的商业活动。这时，广告一词便广泛地流行并被使用。此时的"广告"也转化成为 Advertising。

1979 年 1 月 28 日，1 分 30 秒的"参杞药酒"影视广告在上海电视台播出。这是中国历史上第一条影视广告。

本节将要以 After Effects 的 Element 插件，即 E3D 插件为主，来制作一条 20 秒的手机 App 影视广告，效果如图 10-1 所示。

图 10-1

10.1.1 使用Element插件制作三维手机模型

很多人都会觉得只有 Maya、C4D、3ds max、Blender 这样的专业三维软件才能制作产品的三维动画，但其实也可以使用 After Effects 中的 Element 插件，通过导入外部三维模型的方法来制作产品的三维动画。

01 新建一个1080P、持续时间为5秒的合成，命名为"镜头1"。新建一个纯色图层，命名为"iphone"。选中该图层，执行菜单中的"效果"→"Video Copilot"→"Element"命令，如图10-2所示。

02 将素材中的"10.1-手机界面开篇.psd"文件导入"项目"面板中，选中该文件，单击鼠标右键，在弹出的浮动菜单中，执行"基于所选项新建合成"命令，将新建的合成的"持续时间"设置为10秒，命名为"贴图-开篇"，放在时间轴的最下层。再选中"iphone"图层，在"效果控件"面板中，打开"Element"中的"自定义图层"选项，在"自定义纹理贴图"中的"图层1"的下拉菜单中选择"2.贴图-开篇"，如图10-3所示。

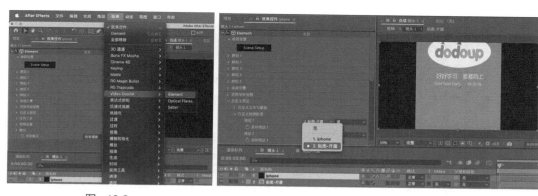

图 10-2 　　　　　　　　　　　　图 10-3

03 在"效果控件"面板中，单击"Element"中的"Scene Setup"按钮，在弹出的E3D面板中单击左上角的"导入"按钮，将素材中的"10.1-iphone模型.obj"文件导入，预览窗口中显示出来的模型很小，在右下角的"编辑"面板中，将"缩放"的3个参数都调整为2000%，使模型增大到原来的20倍，如图10-4所示。

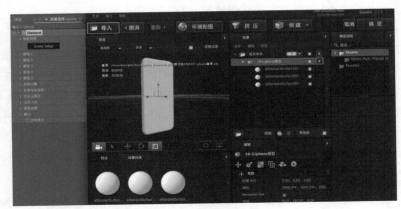

图　10-4

📺 技术解析

E3D 插件支持 OBJ、C4D 和 E3D 格式的三维模型导入。

OBJ： OBJ 是 Alias | Wavefront 公司开发的一种标准 3D 模型文件格式，OBJ 文件只支持 3D 模型，不包含动画、材质特性、贴图路径、动力学、粒子等信息。目前几乎所有知名的 3D 软件都支持 OBJ 文件的读写，它是三维模型的通用格式。

C4D： CINEMA 4D 是一款由德国 Maxon Computer 公司开发的三维动画软件，C4D 是该软件的源文件标准格式。

E3D： E3D Element 插件的源文件标准格式。

---

04 在"场景"面板中，单击"iphone"模型前面的小三角，展示出该模型的3个材质。在左下角的"预设"面板中，将默认材质中的"Black_Glass"材质拖曳至前两个材质，使手机模型的背面和侧面变成黑色玻璃的材质效果。选中第3个材质，在"编辑"面板中，单击"纹理"中"漫射"属性的"无"按钮，在弹出的"纹理通道"面板中单击下拉按钮，选择"自定义图1"，就会看到手机屏幕上已经贴上了时间轴中"贴图-开篇"图层的画面，如图10-5所示。

图　10-5

05 在E3D面板中单击右上角的"确定"按钮，返回After Effects的主界面，在"效果控件"面板中打开

"Element"的"渲染设置"选项，先把"照明"属性中的"添加照明"改为"产品"，再把"亮度乘数"调高至300%，将手机模型照得更亮一些。勾选"环境光吸收"中的"启用AO"选项，让手机模型的立体感更强，如图10-6所示。

图 10-6

10.1.2 制作手机模型的三维动画

01 执行菜单中的"图层"→"新建"→"摄像机"命令［快捷键是Option+Shift+Command+C（macOS）或Ctrl+Alt+Shift+C（Windows）］，新建一个"预设"为"50毫米"的摄像机，如图10-7所示。

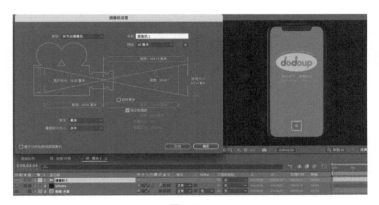

图 10-7

02 选中"iphone"图层，在"效果控件"面板中打开"Element"的"世界坐标变换"选项，调整"中心位置XY""中心位置Z""X旋转中心""Y旋转中心""Z旋转中心"这5个属性的参数，使手机模型有位置和角度的变化，如图10-8所示。

图 10-8

03 为刚才的5个属性添加关键帧，在0秒处调整手机模型在远处，2秒处手机模型到了镜头前，5秒处手机模型向左旋转到侧面，再把"iphone"图层的"运动模糊"效果打开，播放动画，手机模型就有了从远处飞过来，再在画面中旋转的动画效果，如图10-9所示。

图　10-9

04 播放动画，会发现动画在打了关键帧的时间点上出现了明显的卡顿，这对于商业广告来说是无法容忍的。在时间轴中打开5个属性的"图表编辑器"，会发现关键帧处的曲线是直上直下的。先关闭"图表编辑器"，在时间轴中选中所有的关键帧，按F9键添加"缓动"效果，然后打开"图表编辑器"，将动画曲线调整得平滑一些，这样手机模型的运动就会更流畅。图10-10所示是调整前后的"图表编辑器"中运动曲线的效果。

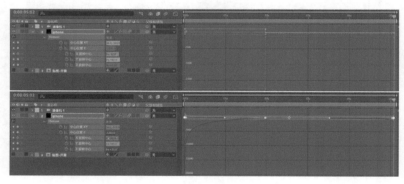

图　10-10

05 选中"摄像机"图层，连续按两次A键，打开它的"摄像机选项"属性，将"景深"设置为"开"，并调整"焦距"的参数，使焦点放在画面前的手机模型上，再调整"光圈"参数，加强景深的效果，如图10-11所示。

图　10-11

06 进入"贴图-开篇"合成中，在2秒处添加相关的宣传文字，并在"效果和预设"面板中添加文字入场的预设动画。再回到"镜头1"合成中，检查手机模型旋转的时候，文字会不会因为景深的原因变模糊，如果会，就需要给"焦距"属性添加关键帧，确保文字始终清晰，不影响观众阅读，如图10-12所示。

图 10-12

10.1.3 After Effects中多镜头的制作

在多镜头的影视广告制作中，一般会使用 After Effects 制作单个镜头，然后将每个镜头导出为一个无损 MOV 或 AVI 格式的视频，再把这些视频导入 Premiere 中进行剪辑。但是如果镜头数量较少，或是出于方便修改或传输的需要，也会在 After Effects 中将所有镜头制作完，并在 After Effects 中剪辑输出。

在制作其他镜头之前，要考虑清楚每个镜头要表现的内容和画面。在本实例中，每个镜头展示的都是手机模型上该 App 的画面，而手机模型在第 1 个镜头中已经制作好了，因此不需要在其他镜头中重新制作，只需要把已经制作好的镜头 1 复制一份，在镜头 1 的基础上进行修改和调整就可以了。

01 在"项目"面板中，选中"镜头1"合成，按快捷键Command+D（macOS）或Ctrl+D（Windows）复制一份并命名为"镜头2"，进入"镜头2"合成中，按快捷键Command+K（macOS）或Ctrl+K（Windows）打开它的"合成设置"面板，修改"持续时间"为6秒，单击"确定"按钮，如图10-13所示。

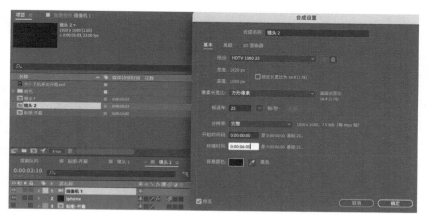

图 10-13

02 在"镜头2"的"iphone"图层中，重新调整"中心位置XY""中心位置Z""X旋转中心""Y旋转中心""Z旋转中心"这5个属性的参数，在0秒处将手机模型转到镜头1结尾的侧面，这样可以和镜头1的画面连接起来，在1秒处将手机模型由右向左转到正面，在第3秒处将手机模型旋转90°，用于展示全屏视频的效果，在6秒处将手机模型旋转至侧面，如图10-14所示。

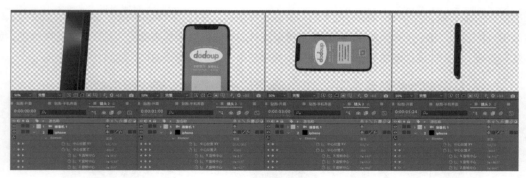

图　10-14

03 先选中所有的关键帧，按F9键添加"缓动"效果，然后打开5个属性的"图表编辑器"，将运动曲线调整得更加平滑，如图10-15所示。

图　10-15

04 将素材中的"10.1-手机界面.psd"和"10.1-手机界面滚动.psd"两个文件导入，并为"10.1-手机界面.psd"执行"基于所选项新建合成"命令，命名该合成为"贴图-手机界面"，在该合成的时间轴中，将"10.1-手机界面滚动.psd"放在"10.1-手机界面.psd"的下层，并调整"10.1-手机界面滚动.psd"的"位置"参数，在第1秒到第3秒做出手机模型界面向上移动的动画，如图10-16所示。

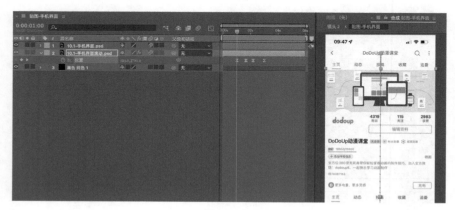

图　10-16

05 将素材中的"10.1-讲课视频.mp4"文件导入，放在时间轴的最上层，在2秒半到3秒之间为"缩放""旋转""不透明度"属性添加关键帧，制作该视频放大并旋转90°的动画。再新建一个空图层，作为之前两个图层的父级图层。调整空图层的"缩放""旋转"属性，和视频图层一起旋转并放大，做出视频全屏的效果，如图10-17所示。

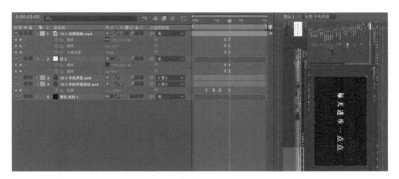

图 10-17

06 回到"镜头2"合成中，将之前的"贴图-开篇"替换为刚才制作好的"贴图-手机界面"，再选中"iphone"图层，在"效果控件"面板中，把"自定义纹理贴图"的"图层1"替换为"3.贴图-手机界面"，这样该合成中的手机模型界面，就替换为刚才制作的界面滚动和视频全屏播放的画面了，如图10-18所示。

图 10-18

07 将"摄像机"的"景深"效果打开，并调整"焦距"的参数，确保手机模型界面上的文字始终是清晰的，如图10-19所示。

图 10-19

10.1.4 使用粒子效果制作多物体动画

01 在"项目"面板中，将"镜头1"合成复制一份命名为"镜头3"，在"iphone"图层中重新调整"中心位置XY""中心位置Z""X旋转中心""Y旋转中心""Z旋转中心"这5个属性的参数，在第0秒处，将手机模型转到镜头2结尾的侧面，便于和镜头2衔接起来，在第1秒处将手机模型转为有点仰视的正面，作为最后的定版，如图10-20所示。

图 10-20

02 将素材中的"10.1-手机界面启动.psd""10.1-视频页.png""10.1-展示视频.mp4"文件导入，分别制作3个合成，分别命名为"贴图-手机界面2""贴图-手机界面启动"和"贴图-视频页"，如图10-21所示。

图 10-21

03 进入"镜头3"合成中，将刚才创建的3个合成拖入时间轴，替换掉之前的贴图图层。选中"iphone"图层，在"效果控件"面板中，将"自定义纹理贴图"的图层1、2、3分别设置为时间轴中的3个贴图图层，如图10-22所示。

04 打开E3D面板，在"场景"面板中选中文件夹单击鼠标右键，在弹出的浮动菜单中执行"复制全部"命令，重复该操作两次，使文件夹变为3个。再分别选中3个文件夹中的贴图材质，修改"漫射"属性中的贴图为"镜头3"中的3个贴图中的一个，如图10-23所示。

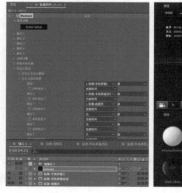

图 10-22

图 10-23

05 回到After Effects的主界面中，调整"群组1"中的"复制形状"为"3D网格"，再把"网格X"设置为3，"网格Y"和"网格Z"都设置为1，"形状缩放"设置为35，"粒子顺序"设置为"向前"，这样就能够显示出3个手机模型并排放在一起的画面，如图10-24所示。

图　10-24

06 调整"粒子复制效果"中的"Z分散"为20，这样3个手机模型就会沿着Z轴向进行分散，拉开彼此之间的距离，再调整"旋转随机XYZ"中的"Y旋转随机"为0×+45°，3个手机模型就会沿着Y轴向随机旋转，展示不同的角度，如图10-25所示。

图　10-25

07 在2秒18处将刚才调整的"形状缩放""Z分散""Y旋转随机"添加关键帧，再回到1秒处，将3个属性的参数都设置为0，这样就做出了一个手机模型先旋转到正面，然后另外两个手机模型再出现的动画效果，如图10-26所示。

图　10-26

作为最后的定版画面，3个手机模型现在有点像在空中悬浮着，没有稳定的感觉，需要再制作一个底座托住它们。

08 重新打开E3D面板，单击上面的"创建"按钮，在弹出的浮动菜单中单击第3个圆柱体图标，预览窗口中就会创建出一个圆柱体。将"场景材质"中的Black_Glass材质拖曳给它。进入"编辑"面板将"面数"提高到120，使模型更加精细，再调整"缩放"参数，将圆柱体放大并压扁，调整完以后把圆柱体向下移动到手机模型的底部，如图10-27所示。

图　10-27

09 调整"反射模式"中的"模式"为"镜像曲面"，这样圆柱体就有了反射效果，再把"镜像修剪"改为"平面下"，调整"反射偏移"中的参数，使反射的面积减少一些，如图10-28所示。

图　10-28

10 因为3个手机模型已经被制作了分散旋转的动画，而该底座不需要有动画效果，所以就需要先在"场景"面板的空白处单击鼠标右键，在弹出来的浮动菜单中执行"创建新群组文件夹"命令，再把圆柱体拖曳到新的文件夹中，最后将文件夹右侧的数字改为2，这样该文件夹就是群组2，不应用3个手机模型的群组1的动画，如图10-29所示。

图　10-29

11 单击"确定"按钮，返回After Effects的主界面，就会看到底座已经出现在画面中了，如图10-30所示。

图　10-30

10.1.5 多镜头剪辑和整体调整

剪辑的工作一般会由专业的剪辑软件完成，例如 Premiere、Final Cut Pro、EDIUS 等，但本实例中只有 3 个镜头，并不需要复杂的剪辑操作，因此使用 After Effects 进行剪辑完全足够了。

01 新建一个1080P的合成，持续时间为20秒，命名为"剪辑"，将"项目"面板中的"镜头1""镜头2""镜头3"拖入该合成的时间轴，按照由1到3的顺序选中3个图层，执行菜单中的"动画"→"关键帧辅助"→"序列图层"命令，使3个图层在时间轴中按照先后顺序排列好，如图10-31所示。

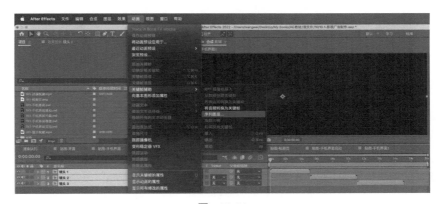

图　10-31

02 新建一个纯色图层，放在时间轴的最下层，执行菜单中的"效果"→"生成"→"梯度渐变"命令，将"渐变形状"改为"径向渐变"，再把"起始颜色"和"结束颜色"分别改为深蓝色和黑色，给画面增加背景效果，如图10-32所示。

图　10-32

241

03 新建两个"宽度"为1920像素，"高度"为120像素的纯色图层，分别放在画面的最上面和最下面，增加影片的电影感，如图10-33所示。

图 10-33

因为3个镜头的旋转角度和动画是不同的，所以有些效果需要对每一个图层单独制作。

04 为每一个镜头分别添加"Optical Flares"效果，在"效果控件"面板中调整"位置XY"的参数并设置关键帧，让镜头光斑效果配合着手机模型的旋转动画动起来，增加画面的光影感，如图10-34所示。

图 10-34

05 为每一个镜头分别执行菜单中的"效果"→"RG Trapcode"→"Shine"命令，在"效果控件"面板中调整相关参数，可以适当将"Shine Opacity"（光线透明度）降低，使手机模型的屏幕有隐隐约约发光的感觉就可以了，如图10-35所示。

图 10-35

06 将素材中的"10.1-手机界面落版.psd"文件导入，放在时间轴的末尾，调整"不透明度"的参数，制作出逐渐出现的动画效果，最终效果如图10-36所示。

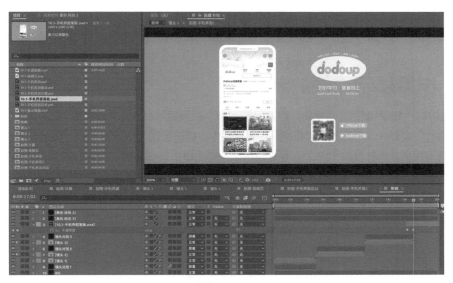

图　10-36

最终完成的文件是素材中的"10.1-影视广告制作 .aep"文件，有需要的读者可以自行打开查看。

10.2 示范实例——宣传片

宣传片是使用视频的形式，针对要宣传的企业、产品、活动等主体的各个层面，有重点、有针对、有秩序地进行全方位的动态展示。

本节将要综合运用前面所学到的 After Effects 相关知识，来制作一部 30 秒左右的个人宣传片，即个人动态简历，效果如图 10-37 所示。

图　10-37

个人动态简历是时下流行的一种新的简历形式，视频设计师可以用它来展示个人信息、作品和技能等。由于需要展示的内容较多，时间也较长，因此在制作之前需要先对整部片子进行整体的规划。

如果是求职用的个人动态简历，对于看这部片子的 HR 来说，他最想了解的一定是你的制作能力，因此你要在开头把自己制作过的片子展示出来，然后展示个人的学历、年龄、技能等相关信息，最后附上联系方式。

10.2.1 作品展示动画的制作

01 打开素材中的"10.2-案例"文件夹，把里面的20多个视频导入After Effects中，在"项目"面板中新建"视频案例素材"文件夹，把这些视频都拖入该文件夹中，便于管理。

这些视频的规格都是标准的 1080P，在任意一个视频上单击鼠标右键，在弹出的浮动菜单中执行"基于所选项新建合成"命令，将视频素材放入新的合成，如图 10-38 所示。

图 10-38

02 进入该合成中，先绘制一个圆角矩形，作为视频的遮罩，再绘制一个大一点儿的圆角矩形，放在时间轴的最下层，最后在左上角绘制3个圆形，制作出在视频播放器中播放的效果，如图10-39所示。

图 10-39

03 把其他20多个视频素材都制作出同样的效果。但是如果都按照上面的步骤去做，不仅麻烦，而且位置、颜色很难完全一致。便捷的方法有以下两种。

① 在"项目"面板中，在每个视频素材上单击鼠标右键，对它们分别执行"基于所选项新建合成"命令，再把之前做好的合成中的 3 个形状图层复制粘贴到每个新建的合成中，最后调整形状图层的位置和遮罩。这种方法的好处是，每个合成的名称都能和视频素材名保持一致，便于管理。

② 在"项目"面板中，将之前做好的合成复制一份，打开新复制的合成，在时间轴中选中视频素材，再在"项目"面板中选中要替换的视频素材，按住 Option 键（macOS）或 Alt 键（Windows），将"项目"面

板中的视频素材拖曳到时间轴中要替换的视频素材上，完成两个视频素材的替换。这种方法更加快捷，但是需要手动修改新合成的名称。

根据需要选择合适的方法，将其他的20多个视频素材都制作出在视频播放器中播放的效果，并在"项目"面板中新建"视频素材合成"文件夹，将这些合成文件都放进去，如图10-40所示。

04 新建一个4500像素×4500像素的合成，帧速率为25帧/秒，持续时间为5秒，命名为"作品集"，如图10-41所示。

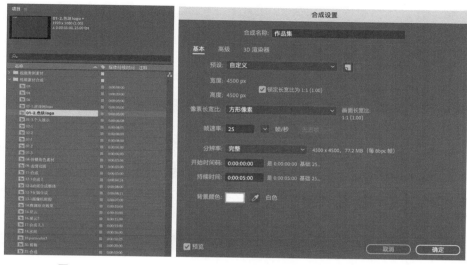

图 10-40　　　　　　　　　　　图 10-41

05 将所有的视频素材合成文件都拖入"作品集"合成中，再选中所有图层，按S键将"缩放"属性打开并设置关键帧，在第0帧处设置参数为0%和0%，在第15帧处设置参数为40%和40%，再选中所有关键帧，按F9键添加"缓动"效果，制作出所有视频素材在第0帧到第15帧放大的动画效果，如图10-42所示。

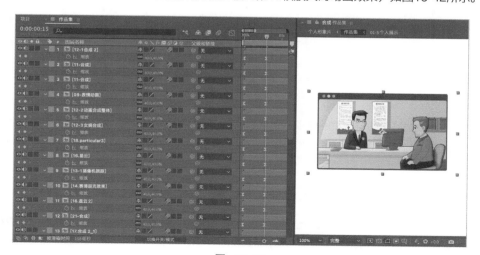

图 10-42

06 在画面中将所有的视频素材合成文件从左至右按照MG动画、角色动画、影视特效、影视合成、剧情动画的分类排成5列，在每一列的中间位置分别绘制一个圆角矩形，输入相应的文字，再把圆角矩形设置为对应文字的父级图层，如图10-43所示。

图 10-43

07 新建5个空图层，分别作为5列合成文件的父级图层。打开它们的"位置"属性，在3秒10和4秒06处添加关键帧，再在1秒处将5列合成文件分别往上或往下移动，使它们的位置错开，再在4秒24处，将5列合成文件分别移出画面。按空格键预览，会看到所有视频素材先放大出现，再移动对齐，最后移出画面的动画效果，如图10-44所示。

图 10-44

这样，第 1 个作品展示的镜头就完成了，先将其放在"项目"面板中，等第 2 个镜头完成以后，再把它们剪辑在一起。

10.2.2 个人展示动画的制作

接下来要制作个人形象和相关信息展示动画，这里建议读者根据自己的形象先在 Illustrator 中绘制一个卡通角色。本实例使用的是作者自己的卡通形象，即素材中的"10.2-角色.ai"文件，需要使用 Illustrator 打开。该文件已经按照制作动画的需要分好了图层，并对图层进行了命名，如图10-45 所示。

01 将分图层绘制好的角色导入After Effects中，设置"导入种类"为"合成"，"素材尺寸"为"图层大小"，打开角色的合成，将"持续时间"设置为30秒，再选中包括眼睛、鼻子、嘴巴等整个头部的图层，单击鼠标右键，执行"预合成"命令，将该合成命名为"表情系统"，如图10-46所示。

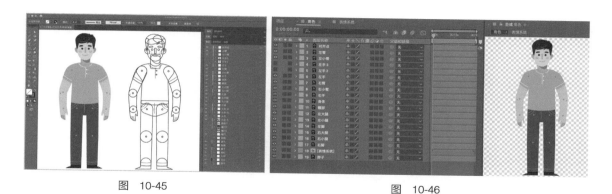

图 10-45　　　　　　　　　　　　　　　　　　　　图 10-46

02 根据本书"7.4 示范实例——动画角色肢体绑定"中的方法，使用Duik Bassel插件对角色进行骨骼绑定，如图10-47所示。

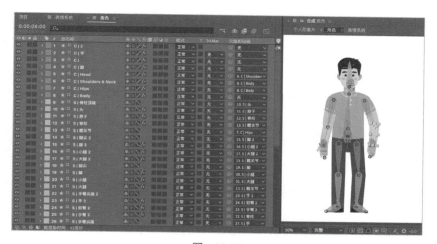

图 10-47

03 进入"表情系统"合成中，根据本书"7.5 示范实例——角色表情动画"中的方法，使用Joysticks'n Sliders插件对角色的面部进行绑定，如图10-48所示。

图 10-48

04 在"表情系统"合成中选中"JoyStkCtrl01"图层，在Joysticks'n Sliders设置面板中，将"Move Joystick to Parent Comp"中的下拉菜单设置为"角色"，单击右侧的"to Parent"（将控制器移到父级合成中）按钮，这样表情控制器就被移动到"角色"合成的画面中显示，便于在调整角色肢体动作的同时调整角色的面部表情动画，如图10-49所示。

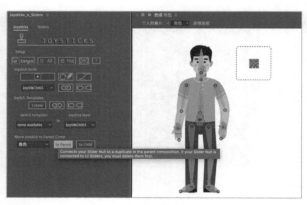

图　10-49

05 在"角色"合成中，在第0帧、第19帧、1秒01、1秒11、1秒16和1秒21的位置调整角色的姿势，做出角色落在地面上，抬手打招呼的动作，如图10-50所示。

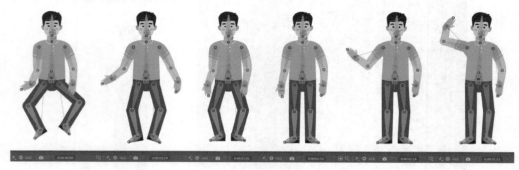

图　10-50

06 调整完肢体动画以后再来调整表情动画，在第0帧、第19帧、1秒01、1秒09的位置调整角色的表情控制器，做出角色向下落时眼睛往下看，站好以后眼睛平视的动画效果，如图10-51所示。

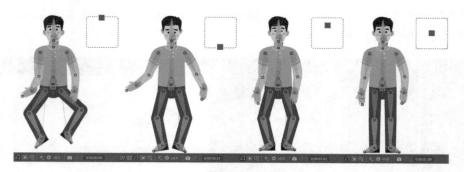

图　10-51

10.2.3　信息展示动画的制作

01 新建一个名为"个人形象片"的1080P合成，持续时间为32秒，将"作品集"合成拖入时间轴，并复制一份放在该合成下层，为它执行"高斯模糊"和"分形杂色"命令，调整相关参数，做出毛玻璃的效果，再新建一个纯色图层，执行"填充"命令，将"颜色"设置为自己喜欢的颜色，并放在时间轴的最下层，如图10-52所示。

图　10-52

02 将"角色"合成拖入时间轴，放在4秒09的位置，使用工具栏中的"矩形工具"给该合成绘制一个蒙版，并为"蒙版路径"设置关键帧，在4秒09的位置将蒙版放在角色以外，再在5秒02的位置让蒙版由下往上完全覆盖住角色，这样就制作了角色逐渐出现的动画效果，再把"蒙版羽化"设置为300像素和300像素，让角色边缘的过渡更加柔和，如图10-53所示。

图　10-53

03 将素材中的"10.2-手绘动漫二维烟雾动画.aep"文件导入，选择其中一款烟雾动画，放在"个人形象片"合成中"角色"的上层，为角色的出场增加动画效果和氛围感，如图10-54所示。

图　10-54

04 将素材中的"10.2-名片.ai"文件导入，并将所有的图层放在"个人形象片"合成中，新建一个空图层作为这些图层的父级图层，并给空图层的"位置"属性添加关键帧，让它在6秒22到7秒18从画面右下角进入画面，停在画面的中心位置。再为"角色"的"位置"属性添加关键帧，让角色随着信息的移动停在左上角头像的位置上，并把这些图层的"运动模糊"效果打开，增加画面的动感，如图10-55所示。

图 10-55

05 在名片中，角色应该只露出上半身，这时需要拖动时间轴上的时间滑块，在名片的头像框和角色接触的那一帧，选中"角色"图层，按快捷键Shift+Command+D（macOS）或Shift+Ctrl+D（Windows），或者执行菜单中的"编辑"→"拆分图层"命令，把该图层在时间滑块的位置一分为二，拆分成两个图层。在后半部分"角色"图层上层绘制一个形状图层，只把角色的上半身覆盖住，将它设置为角色的遮罩，并把两个图层都设置为空图层的子级图层，这样在名片的移动中，角色就可以顺利融入名片，如图10-56所示。

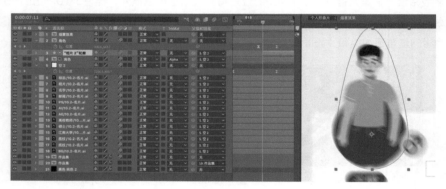

图 10-56

06 打开名片的所有图层的3D图层开关，再执行菜单中的"图层"→"新建"→"摄像机"命令［快捷键是Option+Shift+Command+C（macOS）或Ctrl+Alt+Shift+C（Windows）］，新建一个"预设"为"50毫米"的摄像机。打开摄像机图层的"目标点"和"位置"属性，先在7秒12添加关键帧，再在8秒17处调整两个属性的参数，使名片向右侧旋转一些，并调整名片各个图层的前后位置，做出三维旋转的空间感，如图10-57所示。

图 10-57

10.2.4 After Effects界面动画的制作

01 将素材中的"10.2-电脑.ai"和"10.2-AE界面.ai"文件导入"项目"面板中，并新建一个名为"AE界面"的1080P合成，持续时间为20秒。将刚导入的文件拖入该合成的时间轴中，将它们设置为合适的大小。在计算机界面上方输入"Adobe After Effects 2022"的文字，再新建一个空图层，将其设置为"AE界面"图层、"时间线"图层和文字图层的父级图层，如图10-58所示。

图 10-58

02 使用工具栏中的"钢笔工具"绘制出一个鼠标指针，并为"位置"属性设置关键帧，让鼠标指针从右侧进入画面，放在"MG动画"文字的上面，然后为"缩放"属性设置关键帧，做出双击的动画效果。再新建一个橘红色的矩形，放在"MG动画"文字的下面，在双击的同时，做出该矩形由左向右覆盖住"MG动画"文字的动画，如图10-59所示。

图 10-59

03 打开"项目"面板中的"视频素材合成"文件夹，把其中和MG动画相关的4个合成拖入时间轴，在双击动画结束后，分别为4个合成的"位置"和"缩放"属性添加关键帧，让它们先由下往上移动到合适位置，再横向进行放大，需要注意的是，4个合成要有不同的大小，这样才能使画面有层次感，如图10-60所示。

图 10-60

04 按照同样的方法，分别把角色动画、合成技术和特效制作相关的视频素材合成拖入时间轴，并依次出现动画效果，最后在15秒21到16秒01处做出缩小到消失的动画效果。另外，鼠标指针和橘红色矩形也要依次做出切换的动画效果。此时，时间轴如图10-61所示。

图 10-61

王老师的碎碎念

　　这一步也可以将做好动画的 4 个合成复制一份，并向后拖到合适的位置，再使用替换合成的方法，用"项目"面板中相关的合成替换时间轴中的合成。

　　具体的操作方法是，分别选中时间轴中要被替换的合成和"项目"面板中要替换的合成，按住 Option 键（macOS）或 Alt 键（Windows），将"项目"面板中的合成拖到时间轴中要替换掉的合成上，完成视频素材合成的替换。

---

05 将素材中的"10.2-电脑背面.ai"文件导入时间轴中，放在合成的结尾部分，先把合成中"10.2-电脑.ai"图层设置为"空3"的父级图层，再打开界面相关图层的3D图层开关，在16秒到16秒08的时间段内旋转Y轴，使它们的侧面对着画面。调整"10.2-电脑背面.ai"图层，由侧面旋转到正面，这样就可以做出桌子及计算机旋转180°的动画效果，如图10-62所示。

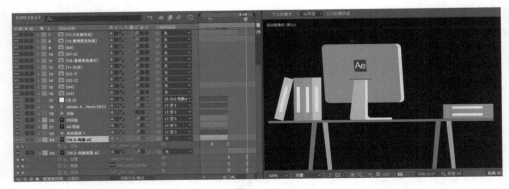

图 10-62

06 将制作好的"AE界面"合成拖入"个人形象片"合成中，放在名片相关图层的下层，拖曳时间轴上的时间滑块观察，在"AE界面"合成出现双击动画的时候，为"空2"图层的"缩放"属性添加关键帧，让它控制的名片相关图层横向缩小并消失，这样就能和"AE界面"合成中，多个视频素材合成弹出的动画效果串联起来，如图10-63所示。

图　10-63

07 进入"角色"合成中，在后面的部分将角色摆出坐在凳子上的姿势，调整出不断挥手的动作，需要注意的是，手在摆动的时候头部也会左右晃动，所以要一起调整多个相关的图层，如图10-64所示。

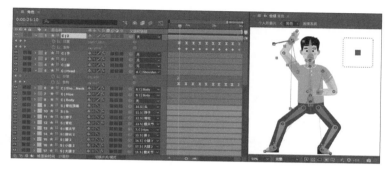

图　10-64

王老师的碎碎念

　　一般来说，不同的动作需要使用不同的合成来制作，但是因为 Joysticks'n Sliders 插件的表情控制器只能放在一个父级合成中，所以角色的动作就只能在一个合成中完成。

　　在本实例中，因为角色的动作合成设置了 30 秒的持续时间，所以前面部分制作的是角色的出场动画，后面部分制作的是角色的挥手动画，这样在将其放入其他合成的时候，就可以根据具体的需要截取不同的动画部分。

---

08 回到"个人形象片"合成中，将素材中的"10.2-椅子.ai"文件拖入时间轴，放在桌子的后面，再把"角色"合成拖入时间轴，只保留动画的后面部分，把角色放在椅子前面，摆出坐在椅子上挥手的动作。还是使用"矩形工具"绘制蒙版，做出椅子和角色出现的动画效果，再添加烟雾效果，增加动画的气氛，如图10-65所示。

图　10-65

09 将素材中的"10.2-结尾定版.ai"文件导入"项目"面板中，放在时间轴的尾部，作为全片的定版，这样整部片子的主要内容都已经制作完成了，如图10-66所示。

图　10-66

预览这32秒的片子，会看到虽然整体上没什么问题，但是对于一部商业影视作品来说，缺乏大量的细节，接下来就将针对这一问题进行制作。

10.2.5　细节的添加和制作

01 将素材中"MG动效元素"文件夹中的"MG动效元素.aep"文件导入"项目"面板中，这是一套包含各种动效元素的素材包，可以在其中选择一些合适的动效元素放在镜头切换或新画面出现的地方，增加片中的细节和画面的动感，如图10-67所示。

图　10-67

02 将"AE界面"合成中绘制的"光标"图层复制过来，在个人信息展示结束前，让鼠标指针从画面右侧飞入，并制作单击AE图标的动画，串联个人信息和AE界面两个部分，鼠标指针的运行轨迹可以调成曲线，这样运动效果会更顺滑，如图10-68所示。

图　10-68

　　Twitch 是一款由 Video Copilot 开发的 After Effects 插件，它能快速地制作出画面混乱的效果。安装好以后，可以用 After Effects 的"效果"→"Video Copilot"→"Twitch"命令打开该插件。

03 新建一个调整图层，只保留20帧，把它放在定版画面之前，为该图层执行菜单中的"效果"→"Video Copilot"→"Twitch"命令，在"效果控件"面板中为"Amount"和"speed"属性设置关键帧，在调整图层的起始和结束位置设置两个属性的参数都为0，在调整图层的位置设置两个属性的参数分别为100.00和20.00，再勾选"Blur""Color""Slide"属性，预览动画效果，就会看到定版画面出现之前，画面会有强烈的震动效果，使定版画面的出现更有气势，如图10-69所示。

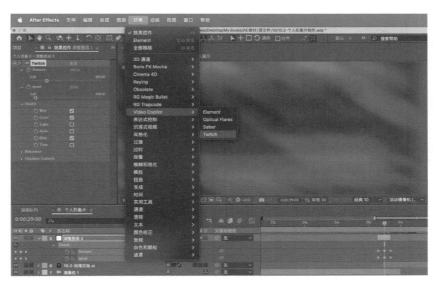

图　10-69

04 将素材中的"10.2-BGM.wav"文件导入，作为整部影视作品的背景音乐，可以根据音乐节奏调整每段动画的出场时间，最终效果如图10-70所示。

图　10-70

　　最终完成的文件是素材中的"10.2-个人形象片制作 .aep"文件，有需要的读者可以自行打开查看。

本章小结

　　本章通过两个综合性实例，对前面的所讲内容进行了全面的复习和应用。在实际的商业影视作品制作中，不能光考虑如何制作漂亮的画面、酷炫的特效、流畅的运动，还要始终把作品中要突出的企业、产品、活动等主体放在第一位，紧紧围绕着主体进行设计和制作。

　　另外，细节也是一部优秀的影视作品不可或缺的部分，也往往是制作者忽略的部分。这里所说的细节包括动效元素、缓动和速度曲线、转场、运动轨迹等。

　　细节的添加需要遵循"润物细无声"的原则，细节如果太过突出，就会让观众忽视主体。最好的效果是"让人看不出来，但能感觉到"，当细节足够多，就会由"量变"产生"质变"，整部影视作品的效果就能得到提升。

 练习题

　　尝试使用之前所学到的所有技术，为自己设计一个形象展示视频，内容包括个人作品展示、动漫形象的设计和动画制作、个人信息展示等。

第 11 章

商业影视项目的制作流程

11

11.1 商业影视项目制作流程概述

很多 After Effects 的初学者，对商业影视项目总是会抱有一些不切实际的幻想，想当然地认为制作流程就是客户提出要求，自己根据要求来完成作品。其实，越是正规的商业影视项目，制作流程越复杂，如果制作者对整个流程没有一个清醒的认识，就会很容易被客户抓住漏洞，从而造成自己的损失。

例如，在没有签订任何合同的情况下就开始为客户制作影片，影片制作完成后，客户直接拿走播出了，但是影片的制作者没有拿到一分钱的制作款。这时制作者再去找客户要制作款，就非常被动了。

因此，全方面地了解商业影视项目的制作流程是十分必要的。

首先要来解释一些概念，在一个商业影视项目中，客户一般被称为"甲方"，而影片的制作者一般被称为"乙方"。

一个完整的商业影视项目分为前期、中期和后期 3 个环节，如图 11-1 所示。

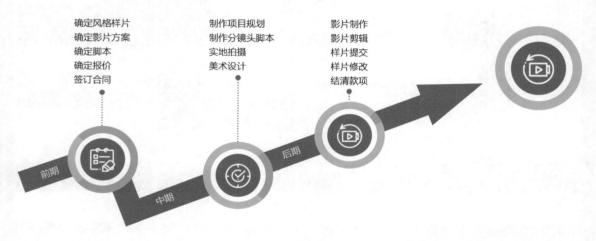

图　11-1

前期：主要内容是甲乙双方确定合作意向以及影片的制作方案。在这个环节，需要确定风格样片、影片方案、脚本、报价，以及签订合同等。

在项目的初始阶段，通常是甲方提出一个需求，例如为某个产品或活动制作宣传影片，或者为某部影视作品制作特效。乙方根据需求，提供自己或别人制作过的类似影片作品，甲方会指着一部作品说："这是我想要的风格。"这样这个项目的影片风格就确定下来了，乙方也会根据该作品风格确定制作难度和工作量。这就是确定风格样片的作用。

接下来乙方会根据甲方的需求，编写影片的创意方案，一般是用几百字来阐述自己的想法、创意、解说词等。乙方经过与甲方的讨论和几轮修改后，确定最终的影片方案。

双方确定了脚本后，乙方才会根据脚本对工作量进行计算并报价。在该阶段，甲乙双方会有讨价还价的过程，最终在某个价格上达成一致。

最后是签订合同，合同中会规定甲乙双方的义务和责任，还会涉及付款方式、交片日期等内容。

这里可能有些读者会有疑问：在影片方案确定后才报价，如果报价没有通过，那前期的这些工作不就白做了。确实，这里会存在这样的风险，但是如果脚本没有确定，乙方也无法确定实际的工作量，也就无法确定最终的价格。通常双方在接触的初期，甲方会问乙方这个片子大概需要多少钱，乙方会给出一个大概的价格，但要说明这是一个预估价，具体总价需要在影片方案完成后才能确定。如果甲方认可这个大概的价格，双方才会进入确定影片文案的环节。

中期： 主要内容是乙方针对影片制作项目规划和分镜头脚本、实地拍摄、美术设计等。

在合同签订后，乙方会根据交片日期，制作出项目规划，设定好每一个环节的截止日期。

乙方再根据最终文案编写分镜头脚本，即每一个镜头的制作方案，确定所有的细节，包括场景、角色、道具、配音的数量等。

有些影片是需要进行实地拍摄的，对于使用 After Effects 的后期人员来说，可能会认为拍摄环节自己不需要参与。但如果有可能，后期人员也要参与前期的拍摄，这样才能更直观地了解实拍素材的内容，甚至在拍摄过程中，从后期制作的角度出发指导拍摄。

很多 MG 动画项目需要设计角色、场景、道具等，这也是需要乙方设计并让甲方确认的。

后期： 主要内容是乙方对影片的具体制作和提交，包括影片制作和剪辑、样片提交、样片修改、结清款项等。

在实地拍摄和美术设计都完成后，乙方需要根据脚本的要求，一个镜头一个镜头地去完成，最后将所有镜头剪辑在一起，加上配音、背景音乐和音效，输出一版带水印的样片提交给甲方。

甲方一般会就样片提出修改意见，乙方根据修改意见对样片进行修改。乙方再次提交带水印的样片给甲方，一般会有两三次的反复调整，直到甲方认可并验收通过，才算是完成了交片。

甲方支付项目的剩余款项，乙方提交高清无水印的视频文件，项目完成。

11.2 前期策划方案

在沟通过样片风格、项目预估总价、制作周期等内容后，甲乙双方确定了合作意向。接下来甲方会给乙方发一些该项目的相关资料，包括但不限于照片、视频、文档等，乙方会根据甲方的需求开始编写前期策划方案。

王老师的碎碎念

很多初学者面对项目的前期策划方案，往往不知道从何下手。这里给初学者一个建议，可以去相关的网站上搜索一下类似主题的影片，看看别人是怎么想、怎么做的，再加上自己的一些思路和甲方的实际需求，慢慢就会有创意点了。

片源比较丰富的网站主要有哔哩哔哩、新片场、Youtube、Vimeo 等。

如果双方是第一次接触，乙方往往会提供 3 个左右的方案供甲方选择：一个充满创意的，一个通俗的，一个介于两者之间的。如果顺利的话，甲方会选择一个方案进行深入讨论，定下影片的主体思路。

方案的内容一般包括 3 个部分，即题目、创意说明和内容概述。

题目是用几个字来凝练方案的核心，**创意说明**是用一句话来说明方案的框架，**内容概述**是用一段话来阐述影片的内容。

我们之前在做某品牌汽车的项目时，接到的需求是要制作一部某品牌汽车和开封这座城市的宣传片，因为当时是和某品牌汽车的第一次合作，所以我们给出了 3 个不同风格的方案。

方案一：两辆车的邂逅

在八朝古都开封，两辆某品牌汽车分别在城市中行驶着，最后相遇。

两辆某品牌汽车（颜色最好有区分）由一男一女分别驾驶，在城市之中行驶，偶尔"擦车而过"，偶尔又在路口相遇，可以采用画面分屏的形式去表现。最终，两人从两侧分别进入某品牌汽车的店铺内，两人相视一笑。

方案二：车主的一天

以车主为第一人称，再以某品牌汽车为第一视角，从早到晚，展示车主一天的生活。

车主早晨进入车库，驾驶某品牌汽车，行驶在城市的道路上，通过车主上午的工作、下午的休闲、晚上的饮食来展示开封这个城市的方方面面。

方案三：某品牌汽车拟人化

让某品牌汽车拟人化，并以某品牌汽车的第一视角为主要画面进行拍摄，就像某品牌汽车是主角，带着观众参观这座城市一样。

第一段可以用一段快闪来介绍城市，抓人眼球。第二段节奏放缓，某品牌汽车缓慢行驶在路上，慢慢品味着这座城市。第三段画面速度加快，展现城市中活跃的一面。第四段画面飞向空中，以航拍的视角展示城市中的夜景。

如果乙方需要进行正式的汇报，就需要将方案做成PPT，配上精美的图片，并把内容做得更加丰富，例如将具体内容、影片结构以及简单的创意方案，用图文并茂的方式全方位地向甲方展示出来，如图11-2所示。

图　11-2

11.3 报价单、合同和制作周期表

我被问到的最多的问题，就是接到了单子却不知道如何报价。报高了怕把甲方吓走，报低了又怕自己吃亏。其实，问这种问题的都是初学者，他们总想知道自己接到的这个单子的市场价是多少。

影视作品有标准的市场价吗？答案是没有。同样一部片子，初学者可能几百元就敢接，而一些业内大拿，几万元都不一定会接。

有业内人士给出了一个报价标准，我觉得蛮好的，如下所述。

用自己的月收入除以 30，算出自己的日收入，再考虑自己完成该项目需要几天，把这个数字和日收入相乘，就能得到自己制作的成本，而报价一般是成本的 2 倍。

11.3.1 报价单的编写

影片方案确定以后，就可以根据制作的工作量来报价了。

很多初学者会认为，报价就是简单地报一个总价，然后讨价还价的过程。但其实，报价需要有一个条目清晰的列表，这样可以让甲方更直观地看到制作费用都花在哪里了。

一份 MG 动画制作项目的报价单如表 11-1 所示。

表11-1　MG动画制作项目的报价单

MG动画制作项目的报价单			
片名	MG动画制作	客户	MG动画甲方
形式	MG动画+后期合成	规格	1080P
制作周期	30天	交片日期	2022/8/20
Estimated Production Cost			人民币（元）
A. 前期准备作业			4,500
B. MG动画制作			24,200
C. 动画合成部分			8,400
D. 影视特效部分			7,000
E. 后期合成部分			4,500
F. 视频输出			400
		合计	49,000
		管理费3%	1,470
		制作费小计	50,470
		5%发票税	2,524
		制作费总计	52,994
A. 前期准备作业	数量（件）	单价（元）	合计（元）
创意构思	1	2,000	2,000
脚本创作	1	500	500
文字分镜	1	2,000	2,000
合计			4,500
B.MG动画制作	数量（件）	单价（元）	合计（元）
场景设计线稿	10	500	5,000
场景上色	10	500	5,000
动画设计线稿	10	800	8,000
动画设计上色	10	600	6,000
输出Alpha序列图	10	20	200
合计			24,200
C. 动画合成部分	数量（件）	单价（元）	合计（元）
动画镜头合成	20	400	8,000
输出Alpha序列图	20	20	400
设备维护	0		0
合计			8,400

D. 影视特效部分	数量（件）	单价（元）	合计（元）
素材整理和项目统筹		20	0
画面校色	20	200	4,000
粒子效果	10	200	2,000
光影效果	10	100	1,000
合计			7,000
E. 后期合成部分	数量（件）	单价（元）	合计（元）
素材整理和项目统筹	20	50	1,000
文字画面效果处理	1	200	200
视频剪辑	1	2,400	2,400
背景音乐和音效	1	400	400
转场处理	10	50	500
合计			4,500
F. 视频输出	数量（件）	单价（元）	合计（元）
渲染输出无损	1	200	200
视频压缩处理	1	200	200
合计			400

—— END ——

11.3.2 合同的拟定

合同是规定甲乙双方的责任和义务，具有法律效力的协议。当一个项目的合同签署以后，这个项目才算是正式启动了。

合同中一般会包括制作要求、制作费用和付款方式、制作程序、双方责任、保密条款等内容。

制作要求： 包括影片规格、片长、配音、内容等。

制作费用和付款方式： 这是最重要的一项，包括制作的总费用、具体的付款方式、收款的账号等。

王老师的碎碎念

付款方式一般分为分期和一次性两种。

分期指的是甲方将总款项分为多笔，逐次打给乙方。一般有项目开始前的定金、中间的中期款，以及项目完成后的尾款。

现在常见的情况是，合同签订后甲方先付总款项的50%作为预付款项，项目完成后再付剩余的50%的总款项作为尾款。

一次性是指项目没有前期费用，等项目完成后，甲方将全部款项一次性打给乙方。

一次性付款方式多见于财务手续过于烦琐的大企业，或者是较为强势的事业部门。

制作程序： 包括交片时间、修改和调整的具体要求。

双方责任： 包括甲乙双方的责任和义务。

保密条款： 一般适用于涉及商业机密的项目。

合同的条款、字数及涉及的环节都比较多，如果合同拟定得不够严谨，就会在产生纠纷后被对方抓住合同中的漏洞，从而陷入被动。

举个真实的例子，我的朋友做的一个正规商业项目，前期的流程走得很顺利，合同也已经签了，但是片子已经交给客户半年多了，客户却一直拖着不付尾款。后来对簿公堂，客户抓住了合同中的一个漏洞，即合同中规定"制作完毕经甲方验收合格后，甲方向乙方支付剩余款项"。客户一口咬定，虽然在这半年中没有提出任何修改意见，但该片实际上一直在走验收流程，并没有验收合格。而该片也确实没有在任何媒体平台上播出过，因此法院判定客户胜诉。

后来，这位朋友在签订的任何合同中都会加上一句话："乙方向甲方提交样片后，甲方需在15个工作日内提出修改意见，否则将视为通过验收。"

11.3.3 制作周期表的制定

合同签订以后，客户往往会要求乙方给出一个具体的制作时间，尤其是不太懂影视制作的客户，总是会想当然地做一道除法题。例如片长是3分钟，制作时间是20天，客户就会用180秒除以20天，得出一个"一天能做9秒"的答案。

这个时候可以请客户想一下：如果一亩地能在一年以后产出700千克，那是不是种子撒下去的第一天就能长出来两千克呢？

影视作品的制作规律就是这样，前期属于"播种"阶段，中期则是"生长"阶段，而往往到了最后几天，镜头、配音、音乐等全部到位以后，才是剪辑输出的"收获"阶段。

这3个不同的制作阶段往往是相互穿插进行的，例如前期做到一半的时候，中期制作其实就已经可以开始了，而中期制作出连续的一些镜头以后，剪辑也就可以开始了。

很多项目中，甲方也往往会要求乙方列出制作周期表，以此来设定各个环节的时间节点（deadline）。表11-2所示是一份MG动画制作项目的制作周期表。

表11-2　MG动画制作项目的制作周期表

项目制作时间			6月20日—7月14日						影片长度			180秒				
序号	任务名称	提供材料	时间节点	20	22	24	26	28	30	1	3	5	7	9	11	13	14
1	视频脚本	乙方根据剧本创作视频脚本	6月21日之前完成文字脚本，6月22日完成最终定稿														
2	角色设计	乙方提供角色设计方案	6月26日前完成不少于3套角色设计稿，6月28日完成角色最终设计稿														
3	动态分镜设计	乙方依据已定脚本创作动态分镜	6月29日之前完成动态分镜初稿，7月1日完成角色最终稿														
4	场景设计	乙方依据已定脚本创作各个场景	7月3日之前完成所有场景设计稿，7月7日完成场景最终稿														

项目制作时间			6月20日—7月14日		影片长度							180秒					
序号	任务名称	提供材料	时间节点	20	22	24	26	28	30	1	3	5	7	9	11	13	14
5	配音	乙方配音	6月28日试音，需甲方确认，6月30日完成配音														
6	动画制作	乙方开始制作动画	7月14日之前完成初稿提交甲方审核														
7	剪辑	乙方开始剪辑	7月14日之前完成剪辑并提交成片														
备注																	

11.4 分镜头脚本的制作

影视作品可以说是制作流程复杂，制作成本也很高。在制作之前，合理规划出每一个场景、机位、走位、美术设计、光影、色彩等，是控制成本的有效方式。

因此，在方案完成以后，就要将整个方案可视化，把整部影片分解成一个个的镜头，并将它们以图表的形式呈现出来，为拍摄和制作提供参考。

简言之，分镜头脚本就是最终成片的"草稿"。

无论是实拍，还是制作 MG 动画、影视特效，在已定方案的基础上制作分镜头脚本，能够帮助整个制作团队设计好方案中描述的所有复杂动作和场景。分镜头脚本会说明每个镜头包括哪些动作。通过全面仔细地制作分镜头脚本，制作团队就能够准确地了解在影片实拍、制作以前要做的工作，包括规划每个镜头、摄像机角度、光影、角色动画和特效。

在商业影视项目中，分镜头脚本还起着一定的约定作用。

绝大多数的甲方并不是美术专业出身，只单纯地看文字方案很难想象出画面效果。因此就需要乙方在分镜头脚本中配上相应的图片，对应着方案中的文字，甲方能够快速了解影片最终的效果。

一般在影片制作之前，不但需要甲方在合同上签字确认，也需要甲方在分镜头脚本上签字确认，因为很多甲方在看完完整的样片以后，会想要修改之前已定的方案。这时乙方就可以以分镜头脚本的签字作为法律依据，要求甲方支付修改的费用。

分镜头脚本一般包括编号、镜头内容、解说词／字幕、时长、画面效果等 5 个部分，复杂一些的还会有音乐、音效、道具、特效等内容。

编号：给每一个镜头编号，在拍摄和制作的时候，就可以用"镜头 X"进行沟通，以方便快速找到对应的镜头。

镜头内容：用文字的形式写出制作的具体内容，要求语言准确，一般不要带有任何修饰性词汇。例如"天气好得让人心旷神怡"这样的表达就会让制作团队无从下手，正确的表达应该是"蓝色的天空中飘着几朵白云，风把几片树叶轻轻吹了起来"。如果需要实拍，会明确标明该镜头需要使用什么景别、什么机位，怎样运动去进行拍摄等内容。

解说词 / 字幕：该镜头播映的时候，会配合什么样的配音、同期声、解说词等内容，以及这些内容的字幕，或者说明性的人名、地名、片名等字幕。

时长：该镜头在剪辑时的时间长度，一般都是以"秒"为单位。这项内容需要提前进行估算，正常的语速是 3～5 字 / 秒，一般都会以 4 字 / 秒的语速进行估算，可以根据字幕的内容来计算字数，进而计算出该镜头所需的最短时长。其实看分镜头的时长，就能看出来这名工作人员的能力。假设该镜头的字幕有 40 字，那么其时长最少也得 8 秒，如果短于 8 秒，则说明该工作人员很业余。时长这一项只有最短时长，但并没有上限。因为角色说完话以后，还可以进行跑步、开车、思考等没有配音的行为。

画面效果：根据镜头内容来配上相应的图片，这些图片可以使用已有素材，也可以直接由分镜头设计师绘制该镜头的画面效果，如果机位是运动的，还需要添加一些指示符号来示意机位运动的方向和轨迹等。

表 11-3 所示为 MG 动画分镜头脚本示例。

表11-3　MG动画分镜头脚本

行号	镜头内容	解说词/字幕	时长/秒	画面效果
1	不同时期不同的衣服，下面是时间轴，随着时间线移动，衣服不断变化，从原始社会到现代共三四个时期	皮革与人类的生活息息相关，是人类生产活动的产物	4	
2	主角入场，穿着皮革制品站在大自然中	从自然使用到自觉利用，经过了漫长的历史演进	5	
3	出片头，文字动画	缤纷世界 多彩生活	6	
4	展示皮革的生产车间	科学规划加工流程，实现了制革工艺、能源消耗、废弃物处理的系统性革新	6	
5	主角穿着白大褂，在实验室中进行实验设备的操作，做出一瓶试剂	鞣制工艺采用了国内专业研发团队打造的新型环保鞣剂	5	

行号	镜头内容	解说词/字幕	时长/秒	画面效果
6	使用显微镜对鞣剂进行检验，旁边出报告，不含各种金属物质	该鞣剂不含铬、铝、铁、钛、锆等金属物质，再配套利用鞣制循环工艺，可以达到零排放	9	
7	画面中出现不同元素，衣服像变色龙一样变成该元素的颜色	经过对参数的严格控制，皮革产品具有多项优势：手感丰满、滋润、有弹性，颜色鲜艳，谱系齐全	7	
8	各大奢侈品牌的代表性产品	从1792年创立之初，我们一直致力于服务欧洲一线奢侈品牌	7	
9	各种不同职业的人，穿着皮革制品载歌载舞	随着消费者环保理念的觉醒，工艺的研发满足了客户的需求，产品销往世界各地	4	
10	可循环标志，各种皮革制品	与环保同行，与地球共生，是我们的理念与信仰	5	
11	两个人手拉手，中间变成大自然场景，然后接Logo	让我们一起携手，选择环保皮革，保护地球环境	5	

11.5 商业影视项目制作的注意事项

在很多影视作品中，实拍占了很大的比例。对于后期制作的人员来说，如果条件和时间都允许，一定要在拍摄现场，并根据脚本的制作要求向导演和摄影师提出合理的建议，以免在后期制作时才发现实拍素材中的问题。

尤其是需要后期进行绿幕抠像合成的镜头，在拍摄时一定要注意合理布光，不要让灯具或其他无关的道具挡住主体物。在图 11-3 中，在拍摄影视广告时虽然灯具入镜，但是因为灯具在主体物的后面，并没有挡住前景的人物，而且拍摄的时候使用的是固定机位，画面不会产生晃动，所以可以成功抠像。

图 11-3

在影片的制作过程中，如果是一个人进行制作，基本上不需要做管理工作，在能够按时交片的前提下按照自己的习惯进行就可以了。但如果是团队进行制作，尤其是比较复杂的项目，产生的文件也较多的时候，就需要对项目的制作过程进行规范化的管理，便于负责不同环节的制作人员清晰快速地找到相关文件。

目前常用的管理方法是在团队内部架构一台硬盘足够大的服务器，团队内部成员可以通过任意一台计算机对服务器进行制作文件的上传和下载等，但不同的成员拥有不同的权限，例如核心团队成员就会被开放所有权限，可以对这些文件进行下载、上传、删除等操作，而普通成员只能访问自己负责的文件。

具体来说，一台服务器中需要设置以下文件夹。

文本：主要放置方案、剧本、分镜头脚本、制作周期表、拍摄计划表、配音稿等文档。

美术：主要放置角色、场景、道具等美术设计的文件，一般是分图层绘制的 PSD 或 AI 文件。

制作：每一个镜头设置一个文件夹，每个文件夹中分别是该镜头的 After Effects 打包文件。

技术解析

在 After Effects 中，如果一个镜头的制作需要从外部导入文件，After Effects 只会保留该文件的链接路径。一旦把该源文件拷贝到另外一台计算机中打开，After Effects 往往会提示该文件已丢失。

在制作完毕以后，需要执行菜单中的"文件"→"整理工程（文件）"→"收集文件"命令，在弹出的设置面板中将"收集源文件"设置为"全部"，再单击底部的"收集"按钮，选择计算机中的某个位置，单击"保存"按钮。这时 After Effects 会自动将所使用到的所有文件，包括源文件都复制粘贴到该文件夹中。如果需要在其他计算机上打开，把该文件夹整个拷贝过去就可以了。

这个过程业内一般也叫作"打包文件"。

剪辑：该文件夹中会再设置 3 个文件夹，分别是视频素材文件夹、声音素材文件夹和剪辑源文件文件夹。视频素材文件夹中放置的是每一个合成镜头导出的无损 AVI 或 MOV 文件；声音素材文件夹中放置的是剪辑中需要使用到的背景音乐、音效和配音文件，一般是 WAV 文件；剪辑源文件文件夹中放置的是剪辑的源文件，一般为 Premiere 的 .prproj 文件。

成片：剪辑完成以后，从剪辑软件中导出完整的视频文件，一般是高清的 MP4 文件，因为在项目的制作过程中可能会提交多次，每一次提交的视频文件都需要进行保存。

样片完成以后，就需要提交给甲方看了。一般来说，为了避免出现甲方直接拿着样片使用，导致尾款不能按时结清的情况，乙方通常会在样片的画面中添加水印。水印的形式多种多样，其目的就是使甲方不能直接使用样片。在甲方确认样片验收通过并支付尾款后，乙方才会将无水印的高清版本发给甲方，项目才算正式结束。

本章小结

　　本章就商业影视项目的制作流程进行了较为详尽的讲解，希望大家不要只把精力放在技术和审美水平的提高上，也要了解商业影视项目的相关知识，只有这样才能从一名普通的制作人员逐渐成长为能够独当一面的项目负责人。

练习题

　　1. 在网络上查找并观看一些优秀的商业影视作品，尝试着分析和研究该影视作品的制作流程。

　　2. 将自己之前练习时完成的作品发布在多个社交平台上，例如微信朋友圈、视频号、抖音、小红书等，并写上可以承接相关影视制作业务的说明。如果有人发私信来联系，尝试使用本章介绍的商业影视项目的制作流程来和对方进行合作。